Fach-
buch
Klett-Cotta

Rüdiger Standhardt

TAO – Training Achtsamkeit in Organisationen

Die Kunst, sich selbst und eine Organisation achtsam zu führen

Buch & zwei Hör-CDs

Mit einem Vorwort von Kai Romhardt
und einem Beitrag von Britta Hölzel

Klett-Cotta

Die Inhalte der Audio-CDs haben wir zum Download auf www.klett-cotta.de bereitgestellt. Geben Sie im Suchfeld auf unserer Homepage den folgenden Such-Code ein: **OM98483**

MIX
Papier aus verantwortungsvollen Quellen
FSC® C014889
FSC
www.fsc.org

Klett-Cotta
www.klett-cotta.de

Printed in Germany
Cover: Bettina Hermann, Stuttgart
Zeichnungen: Bernd Stummeyer, Heuchelheim; Stefanie Lemke, Oftersheim
Autorenfoto (S. 310): Rolf K. Wegst, Buseck
CD-Bearbeitung von Volker Seidler, Lollar
Gesetzt in den Tropen Studios, Leipzig
Gedruckt und gebunden von Friedrich Pustet GmbH & Co. KG, Regensburg
ISBN 978-3-608-98483-5
E-Book: ISBN 978-3-608-11876-6
PDF-E-Book: ISBN 978-3-608-20561-9

Bibliografische Information der Deutschen Nationalbibliothek
Die Deutsche Nationalbibliothek verzeichnet diese Publikation in der Deutschen Nationalbibliografie; detaillierte bibliografische Daten sind im Internet über http://dnb.d-nb.de abrufbar

In Dankbarkeit
für alle Menschen,
die ich in den letzten 40 Jahren
auf ihrem Lebensweg begleiten durfte
und die mich in meinem Lernen
und Wachsen inspiriert haben.

Jetzt ist ein Aufbruch von innen
wichtiger denn je, geht es doch um nicht weniger
als um das Überleben auf unserem blauen Planeten.
Wir sind herausgefordert, dieses wichtigste Menschheitsthema
engagiert anzupacken, anstatt den Untergang
in Ruhe und Ordnung abzuwarten.

Die elementare,
uns in jedem Augenblick
unseres Daseins zum Bewusstsein
kommende Tatsache ist:
Ich bin Leben, das leben will,
inmitten von Leben,
das leben will.

Albert Schweitzer

Inhalt

Vorwort

Dieses Buch lädt dazu ein, uns selbst zu erforschen. Es lädt uns zur Meditation und Achtsamkeitspraxis ein und vertraut darauf, dass wir so zu glücklicheren, mitfühlenderen und friedvolleren Menschen werden können. Indem wir uns selbst liebevoll und furchtlos und in all unseren menschlichen Handlungen betrachten, vertieft sich das Verständnis unserer selbst. Durch geduldige und entschlossene Übung gewinnen wir Klarheit und einen Kompass für ein Leben in Verbundenheit. Einen Kompass für ein Leben, das der omnipräsenten Trennung und Ausbeutung unserer Zeit etwas Schönes, etwas Heilsames entgegensetzt – im Innen und Außen.

Mein Lehrer, der Zen-Meister und Friedensaktivist Thich Nhat Hanh, vergleicht das menschliche Bewusstsein gerne mit einem Garten, der alle möglichen Samen enthält. Samen der Freude, des Mitgefühls und der Zufriedenheit, aber auch Samen der Gier, der Missgunst und des Ärgers schlummern in uns und warten auf die richtigen Bedingungen zur Manifestation. All diese Samen stellen Potentiale dar – Richtungen – in welche sich unser Leben entwickeln kann. Freuen uns die kleinen Dingen oder regen wir uns über kleine Dinge auf? Welche Samen gewinnen die Oberhand?

Wer sich auf den Weg der Meditation begibt erkennt rasch, dass die Qualität der Samen in unserem Bewusstsein die Qualität unseres Lebens bestimmt. Doch wie wirken wir auf diese Qualität ein? Was müssen wir tun (und lassen) damit heilsame Samen wie Freude oder Gelassenheit in uns wachsen und wir gleichzeitig unseren Ärger, unsere Ruhelosigkeit oder unsere Unzufriedenheit besser verstehen? Wir sollten nicht auf klassische Glücksversprechen wie Karriere, Geld, Einfluss oder Popularität vertrauen. Sie führen uns in die Irre. Wir müssen vielmehr selbst zu Gärtnern und Gärtnerinnen unseres Bewusstseins werden und einen eigenen Maßstab für »Erfolg« finden. Und das können wir nur, wenn der Samen der Achtsamkeit, der Bewusstheit, der klaren Wahrnehmung in uns wächst. Ohne Achtsamkeit entgeht uns Wesentliches. Ohne Achtsamkeit sind wir halbblind, nicht selten reaktiv und werden von falschen Wahrnehmungen und Glaubenssätzen geblendet. Achtsamkeit ist die Lampe, der Kompass, der uns den Weg zeigt. Achtsamkeit lässt uns die wechselseitige Verwobenheit allen Lebens erfahren. Und diese lebendige Erfahrung von Verbundenheit ändert alles.

Dieses Buch stellt den Weg der Achtsamkeit im Arbeitsleben vor. Achtsamkeit ist hierbei kein theoretisches Konzept oder eine ethische Maxime, sondern ein lebendiger Geisteszustand, den wir stärken und trainieren können. Durch kontinuierliche Übung, Sammlung und Selbstreflexion gewinnen wir Schritt für Schritt Klarheit darüber, was wir ganz konkret in einer Situation fühlen, denken und spüren. Wir blicken tiefer und erkennen die wahre Motivation unserer Worte und Handlungen. Wir übernehmen Verantwortung. Wir wenden uns unseren Verletzungen zu. Wir blicken gnädiger auf uns selbst und andere. Ich habe viele Menschen erlebt, denen die Achtsamkeitspraxis ihre Zufriedenheit, ihr Lächeln und ihre Lebensfreude zurückgeschenkt hat.

Der Autor hat den Segen und das Transformationspotential der Achtsamkeitspraxis persönlich und in der Tiefe erlebt. Aus dieser persönlichen Erfahrung erwuchs seine Motivation, vielen anderen Menschen auf ihrem Weg zu begleiten und zu unterstützen. Hieraus entwickelte Rüdiger unter anderem »TAO«, das strukturierte Trainingsprogramm für Achtsamkeit in Organisationen, auf dessen Erfahrungen dieses Buch maßgeblich basiert. In meiner Arbeit als Koordinator des Netzwerks Achtsame Wirtschaft bin ich immer wieder Menschen begegnet, die von Rüdiger ausgebildet worden sind und mit hoher Wertschätzung von ihm und seiner Arbeit sprachen. Sie integrierten die Praxis in ihr Leben und ihre Arbeit und gewannen so Klarheit, wohin sie ihre kostbare Lebenskraft lenken wollen, um zu den Menschen zu werden, die sie sein wollen und – im Grunde – immer schon waren.

In vielen, kleinen Kapiteln spannt dieses Buch einen weiten Bogen. Von den globalen Krisen unserer Zeit zurück zum Individuum und seiner Arbeit. Vom »Du« der Beziehung zum »Wir« der Organisation. Auf all diesen Ebenen zeigt der Autor auf, wie Achtsamkeit uns dabei helfen kann, ein guter Gärtner, eine gute Gärtnerin zu werden und unser Verständnis zu vertiefen. Manchmal muss man sich beim Lesen anschnallen, um den nächsten Sprung mitzumachen. Psychologen, Philosophen, Wirtschaftswissenschaftler und Unternehmer kommen ebenso zu Wort wie Dharmalehrer, Ökologen und andere Wissenschaftler. Rüdiger geht es hierbei nicht um Vollständigkeit, sondern um die Darstellung und Verknüpfung der verschiedensten Ebenen menschlichen Handelns. Dieses Netz wechselseitiger Abhängigkeit gilt es zu durchdringen und auszuleuchten, ohne uns in ihm zu verlieren.

Hierzu schenkt der Autor uns über 200 Selbstreflexionsfragen und lädt uns freundlich ein, zu den beiliegenden CDs zu greifen und direkt mit der Meditationspraxis zu beginnen. Achtsamkeit ist sehr praktisch und erschließt sich durch konkrete Übung und weniger durch Diskussion. In diesem Buch und auf dem Weg von TAO werden viele Methoden der Achtsamkeitspraxis vorgestellt, wie wir sie auch im Netzwerk Achtsame Wirtschaft und in unserer Meditationsgemeinschaft in Berlin-Zehlendorf regelmäßig üben. Es sind Klassiker der Geistesschulung und wir alle würden auf einem gänzlich anderen Planeten leben, wenn wir diese regelmäßig üben würden.

Zum Abschluss: Dieses Buch ist ein dringender Appell an uns alle, endlich aufzuwachen. Rüdiger beschreibt selbst, wie er sich lange Jahre in seine kleine, komfortable Welt zurückgezogen hat und anschwellende globale Krisen wie den Klimawandel nicht an sich heranließ. Als Meditierende sollten wir es uns nicht auf unserem Sitzkissen gemütlich machen. Wahre Achtsamkeitspraxis öffnet unser Herz für die Schreie der Welt. Wenn wir gleichzeitig noch unseren eigenen Unzulänglichkeiten und Unvollkommenheiten wohlwollend zulächeln können, werden wir nicht nur uns selbst, sondern allen Wesen mit Freude und in Aufrichtigkeit dienen können. Möge dieses Buch uns alle auf diesem Weg unterstützen.

Berlin, im Oktober 2021
Dr. Kai Romhardt

Einleitung

Zum ersten Mal in der Geschichte
hängt das physische Überleben der Menschheit
von einer radikalen seelischen
Veränderung des Menschen ab.
Erich Fromm[1]

Der Zustand unserer Erde ist viel zu ernst, als dass ein distanziert-akademisches Reden angemessen ist. Ich blicke zurück auf das Jahr 1990: Das Studium der Erziehungswissenschaften ist zu Ende. In meiner Diplomarbeit schreibe ich über die Aspekte einer Bildungsarbeit, die für mich angesichts der globalen Krise wesentlich sind. Der Titel der Arbeit lautet: *Meditation, Kommunikation und Politik. Wege zu einer holistischen Pädagogik.*[2] Meine Absicht ist, drei unterschiedliche Wege zu beschreiben und in Beziehung zu setzen, die ich in den vergangenen Jahren in Theorie und Praxis erforscht und eingeübt habe und die aus meiner Erfahrung untrennbar zusammengehören: Meditative Praxis in der Form von Zen und Yoga bei Hugo Makibi Enomiya-Lassalle und Michael von Brück, lebendiges Lernen und Lehren durch das Konzept der Themenzentrierten Interaktion (TZI) nach Ruth C. Cohn[3] und der tiefenökologische Ansatz nach Joanna Macy[4]. In der Einleitung schreibe ich dann 1990 sehr persönliche Worte:

Über die Krise zu schreiben, fällt mir schwer! Seit Tagen sitze ich an meinem Schreibtisch und überlege mir, wie ich in meiner Einführung über die ökologischen und atomaren Gefahren schreiben kann. Je mehr ich mich in die Studien »Die Grenzen des Wachstums«, »Global 2000« und »Zur Lage der Welt 89/90« vertiefe und in den zahlreichen Büchern lese, die die globalen Bedrohungen beschreiben, um so hilfloser, ratloser und trauriger fühle ich mich. In dieser Situation fällt mir dreierlei an mir selbst auf:

1. Wieder einmal wird mir schmerzlich bewusst, wie sehr ich diese Krise in meinem Alltag verdränge, wie schwer es mir fällt, über meine Gefühle der Hilflosigkeit, der Ohnmacht und der Verzweiflung mit anderen Menschen zu sprechen und wie oft ich einer bewussten seelischen und geistigen Auseinandersetzung aus dem Wege gehe.
2. Ich zweifle an meinem eigenen Willen umzukehren und meiner Bereitschaft, meine bequemen Gewohnheiten aufzugeben. Zu selbstverständlich sind mir mein materieller Wohlstand und die sich daraus ergebenen Privilegien geworden. Ich kenne gut die Tage und Wochen in meinem Leben, wo ich in Ruhe gelassen werden will mit unserer schwierigen Situation und wo ich einfach unbeschwert mein Leben genießen will. Und doch gelingt es mir nicht so recht, mein Wissen über unsere Krise zu verdrängen. Zu viel weiß ich über die lebensbedrohlichen Zusammenhänge und bei einem Blick auf die Titelseite meiner Tageszeitung erfahre ich fast täglich von neuen Katastrophen.

3. Trotz allem spüre ich immer wieder in mir den tiefen Willen zu leben (und nicht nur zu über-leben!) und den Wunsch, den Untergang nicht in Ruhe und Ordnung abzuwarten. Ich wünsche mir, mit meinen Gefühlen der Angst und tiefen Sorge nicht alleine zu bleiben und sie mit anderen Menschen teilen zu können. Ich habe die Hoffnung auf einen Bewusstseinswandel und glaube, dass wir Energien zum klaren Denken und Handeln bekommen, wenn wir die Gelegenheit erhalten, unsere tiefen Gefühle der Angst nicht weiter verdrängen zu müssen.

30 Jahre später lese ich meine Arbeit und erlebe sie immer noch als hochaktuell. Das Thema des *Bewusstseinswandels* hat mich in den vergangenen drei Jahrzehnten intensiv beschäftigt. Ich habe mich viele Jahre leidenschaftlich mit lebendigem Lernen und Lehren beschäftigt, unter anderem das Buch *Zur Tat befreien – Gesellschaftspolitische Perspektiven der TZI-Gruppenarbeit* mitherausgegeben und lange Jahre den Arbeitskreis *TZI und politische Verantwortung* geleitet, weil für mich das gesellschaftspolitische Anliegen von Ruth C. Cohn eine Herzenssache ist. Außerdem habe ich von Dietrich Stollberg gelernt, dass wo Licht ist, immer auch Schatten ist oder anders ausgedrückt: Wir befinden uns als Menschen immer im Spannungsfeld von Ideal und Wirklichkeit und gerade wenn wir uns für wichtige Werte einsetzen, ist die Gefahr groß, dass wir aufgrund unserer »Eigenblindheit« unseren eigenen Schatten nicht wahrnehmen.[5]

Von Anfang an ging es mir auch um ein gesellschaftliches Engagement. Bereits 1983 war ich verwundert und verärgert über einen Bundeskanzler, der von »Frieden schaffen mit immer weniger Waffen« sprach und der sich gleichzeitig für die Stationierung von Erstschlagwaffen in Deutschland aussprach. Ich teilte die Überzeugung des Ökumenischen Rates der Kirchen, dass die Herstellung und Stationierung von Massenvernichtungswaffen ein Verbrechen gegen die Menschheit darstellt und engagierte mich in der Friedensbewegung. Wichtige Erfahrungen machte ich durch die Gründung und Arbeit in der Marburger Regionalgruppe der »Kampagne Ziviler Ungehorsam bis zur Abrüstung«, durch verschiedene gewaltfreie Aktionen und den Prozessen, die sich daraus ergeben haben, einschließlich eines Gefängnisaufenthaltes. Wegweisend für mein politisches Engagement waren für mich meine Kriegsdienstverweigerung, ein ausführlicher Besuch des Konzentrationslagers Auschwitz mit Aktion Sühnezeichen / Friedensdienste, verschiedene Aufenthalte in der gandhianischen Lebensgemeinschaft der Arche in Südfrankreich und meine Besuche der indischen Dörfer Ghosaldanga und Bishnubati in der Nähe von Shantiniketan. Und auch das private Engagement war mir wichtig und so hat mich das Thema Männeremanzipation schon im Studium intensiv beschäftigt. Ich wollte ein engagierter Vater sein und so war es für mich eine schöne und zugleich herausfordernde Erfahrung, als Mann die ersten vier Jahre bei meinen beiden Söhnen zuhause zu sein.

Gleichzeitig habe ich in all den Jahren Zen, Yoga und MBSR[6] praktiziert und viele Menschen auf diesen Wegen inspiriert und begleitet. Mir war es immer wichtig, selbst konstant zu lernen und zu wachsen. Dies geschah durch intensive Schweige-Retreats, Aus- und Weiterbildungen, durch das

Studium vieler Bücher, das Schreiben eigener Bücher, den lebendigen Austausch mit Kolleginnen und Kollegen und durch die regelmäßige Inanspruchnahme von Coaching für meine privaten und beruflichen Fragestellungen.

Meine besondere Begabung lag in der Ausbildung von über tausend Menschen in achtsamkeitsbasierten Verfahren. Ein wesentliches Anliegen ist mir, Menschen in Organisationen – durch das von mir 2017 entwickelte Training Achtsamkeit in Organisationen (TAO) – einen Einstieg in eine weltanschaulich neutrale Achtsamkeitspraxis zu ermöglichen und den inneren und äußeren Wandlungsprozess aktiv zu unterstützen. Darüber hinaus habe ich viele Jahre in der Automobilbranche und der öffentlichen Verwaltung Menschen durch kommunikative Trainings und Führungskräfte-Coachings begleitet und auf diese Weise unterschiedliche Arbeitswelten kennengelernt. Wenn ich mir das alles vor Augen führe, bin ich für die Fülle meiner Erfahrungen und Einsichten sehr dankbar. Meine berufliche Arbeit habe ich nie als Last empfunden, sondern mich darüber gefreut, die Themen, die mir selbst wichtig waren, mit anderen Menschen zu teilen.

Und zugleich gibt es einen tiefen Zweifel in mir: In meiner Arbeit mit Einzelnen und Gruppen ging es selten um die globale Krise, und ich habe mich an der gesellschaftlich so verbreiteten Sprachlosigkeit über den gefährdeten Planeten mitbeteiligt. Natürlich habe ich mich auch in ökologischer Hinsicht geäußert, aber viel zu schwach und zu unkonkret. Mein Fokus lag mehr auf den Themen rund um Persönlichkeits- und Kommunikationsentwicklung. Ich habe aufmerksam zur Kenntnis genommen, dass sich das

Buch *Zur Tat befreien*, in dem es um die gesellschaftlichen Herausforderungen angesichts der globalen Krise ging, sehr schlecht verkauft hat – an den schmerzlichen Reflexionen über die Lage der Welt hatten nur wenige Menschen Interesse, auch nicht die Menschen, die sich sonst gerne mit der TZI beschäftigten und Ruth C. Cohn schätzten.

Mir ist es wichtig, mir meine Zweifel einzugestehen, ehrlicher zu werden und darüber zu sprechen, dass ich selbst in der Vergangenheit nicht konsequent genug gehandelt habe. Ich fahre ein Auto, was nicht sehr ökologisch ist, kaufe zu wenig in Ökoläden ein, liege gerne in der warmen Badewanne und verbrauche mit diesem Verhalten viel Wasser, bin in der Vergangenheit zu oft mit dem Flugzeug unterwegs gewesen und fahre noch zu oft mit meinem Auto in die Stadt, obwohl ein neues Fahrrad vor meiner Wohnungstür steht. Kurz und gut: *mein ökologischer Fußabdruck könnte viel besser aussehen!* Es ist mir wichtig, mein Leben achtsam »zu durchleuchten«, um besser meinen Widersprüchen, Ambivalenzen, Schattenseiten und Abgründen auf die Spur zu kommen, sie als Teil von mir willkommen zu heißen und zugleich herauszufinden, wie ich meinen Alltag nachhaltiger gestalten kann. In mir steckt beides: Meine Sorge um diese Welt, meine Kenntnisse über die globale Krise, mein Wahrnehmen der Menschen, die sich viel mutiger als ich für eine lebenswerte Erde einsetzen und mein Engagement für einen Bewusstseinswandel. Und zugleich bin ich auch bequem, spüre immer wieder Widerstand, mein alltägliches Verhalten weiter zu verändern, möchte auf manche Annehmlichkeit nicht verzichten und habe wenig Resonanz auf das Wort von Romano Guardini über die »moderne Askese«.

In den letzten Jahren erlebte ich eine tiefe Zäsur in meinem Leben, eine Zeit der Entschleunigung, des Innehaltens und der Selbstklärung. Für mich war wichtig zu reflektieren, woher ich komme und wohin ich gehen will: *Wer bin ich? Was will ich mit der mir verbleibenden Lebenszeit anfangen? Was sind mein Herzensanliegen und meine Vision?*

Wir sollten alle herausfinden,
was wir wirklich, wirklich wollen.
Frithjof Bergmann

Nach vielen Gesprächen weiß ich, dass ich mit meinen Überlegungen und Erfahrungen nicht alleine dastehe. Auch andere Menschen erleben Verunsicherungen, Erschütterungen und Brüche in ihrem Leben und fragen sich, was im Leben wirklich wesentlich ist. Und ich erlebe bei immer mehr Menschen eine Sehnsucht, sich nicht mehr hinter der eigenen Maske zu verstecken, sondern ehrlich über die herausfordernden Themen unserer Zeit und das eigene Verhalten zu sprechen. Daher braucht es *offene Begegnungsräume*, wo wir uns als Menschen unvoreingenommen über unsere Alltagserfahrungen austauschen können, auch über die sich weiter verschärfende globale Krise. Bei diesem Austausch geht es nicht um die Einteilung und Bewertung in »richtig« oder »falsch«, sondern um eine innere Haltung, die der persische Dichter Rumi wie folgt beschreibt: *Jenseits von richtig und falsch gibt es einen Ort. Hier können wir einander begegnen.* An diesem Ort lauschen wir den Erfahrungen des anderen und erforschen gemeinsam unser alltägliches Verhalten. Ein solches Gespräch, unterbrochen von Stille, ist wahrnehmungsorientiert und nicht lösungsorientiert. Es geht *nicht* um ein vorschnelles Machen und Tun und es geht *nicht* um das weitverbreitete Moralisieren und Verurteilen, sondern darum, sich mit den persönlichen Fragen, Überlegungen und Einsichten anderen Menschen anzuvertrauen in der Gewissheit, dass die wirklichen Antworten für nachhaltiges Handeln aus der Stille erwachsen.

Diese Erkenntnisse haben bei mir dazu geführt, dass ich seit einiger Zeit von der *achtsamkeitsbasierten* Themenzentrierten Interaktion (aTZI) spreche, denn ich habe die Erfahrung gemacht, dass das Reden eine ganz andere Qualität bekommt, *wenn es aus dem Schweigen heraus geboren wird*. Für mich ist das Schweigen fester Bestandteil *jeder* Sequenz meiner Bildungsveranstaltungen. Durch das gemeinsame Schweigen entsteht ein Raum, in dem wir zunächst die Aufmerksamkeit von außen nach innen richten. Wir kommen mit uns selbst in Kontakt – wir können uns darüber bewusstwerden, was wir gerade denken, wie wir innerlich gestimmt sind, wie sich unser Körper anfühlt und wie wir gerade atmen. Diese Form der Selbstbegegnung ist die Voraussetzung dafür, Bewusstheit in die zwischenmenschliche Kommunikation zu bringen. Je mehr wir mit uns selbst in Kontakt sind, desto achtsamer können wir auch mit anderen in Kontakt treten – sowohl in Zweierbegegnungen als auch in Gruppen.

Mit der Integration des Schweigens in die Interaktion ist ein für mich erster wichtiger Schritt getan. Jetzt kommt es darauf an, einen zweiten Schritt zu gehen. Globale Themen rund um unseren gefährdeten Planeten gehören ab sofort für mich genauso selbstverständlich in *jede* Bildungsveranstaltung »hineingewebt«, wie ich es mit der Praxis der Stille schon seit vielen Jahren tue. Auf diesem persönlichen Hintergrund habe ich die nachfolgende *Vision* formuliert, um den vor mir liegenden Weg zu beleuchten:

Achtsamkeit ist der Megatrend der nächsten Jahre. Dies ist kein Zufall, denn immer mehr Menschen leiden unter Unsicherheit, Arbeitsverdichtung, Veränderungsgeschwindigkeit und der Zerstörung unseres Planeten. Klar ist auch: Die individuellen und kollektiven Herausforderungen werden weiter zunehmen. Daher sind wirksame Gegenpole umso wichtiger. Hierzu gehören Innehalten, Entschleunigung, Bewusstheit und Stille. Die Einübung der Achtsamkeit für den beruflichen Alltag ist ein Weg der achtsamen Persönlichkeitsentwicklung und zugleich noch viel mehr: ein innovativer Ansatz der achtsamen Kommunikations-, Führungskräfte- und Organisationsentwicklung. Vor dem Hintergrund der globalen Krise braucht es darüber hinaus eine säkulare Ethik und eine Vision für eine lebenswerte Erde.

Wir leben in einer Zeit der *globalen Krise*. Immer mehr Menschen wird bewusst, dass wir dringend zur Besinnung kommen müssen und einen inneren und äußeren Wandel brauchen, damit nicht nur wir selbst, sondern auch unsere Kinder und Enkel auf einem lebenswerten Planeten leben können. Für einen solchen tiefgreifenden Veränderungsprozess braucht es ein klares Bewusstsein über den Zustand unserer Erde, einen Paradigmenwechsel von der Konkurrenz zur Kooperation, eine Abkehr vom Konsum- und Wachstumszwang[7] sowie eine Wirtschaftsordnung, bei der nicht Kapitalvermehrung, sondern Ökologie und Gerechtigkeit[8] an erster Stelle stehen. Für den Aufbruch in eine lebenswerte Zukunft braucht es Mut, Freude und Entschlossenheit, und es gilt der Satz von Mahatma Gandhi: *Sei du selbst die Veränderung, die du dir wünschst für diese Welt.*

Die notwendige Transformation braucht eine klare ethische Grundausrichtung. Der Dalai Lama[9] setzt sich seit vielen Jahren für eine *säkulare,* die Unterschiede überwindende *Ethik* ein, auf die sich *alle* Menschen einlassen können, unabhängig von ihrer Religion oder Weltanschauung. Ethik hat in seinem Verständnis mit unserem Geisteszustand zu tun, mit menschlichen Werten wie Mitgefühl, Liebe, Herzensgüte und Großzügigkeit und nicht mit der formalen Zugehörigkeit zu einer Religionsgemeinschaft. Eine solche Ethik kann nicht vorgeschrieben werden, sondern wächst durch innere Reifung, Achtsamkeit und Herzensschulung, durch Einsicht und Engagement. Wir dürfen dabei lernen, dass wir *alle* Schwestern und Brüder sind und dass der alte Grundsatz gilt: Was Du nicht willst, was man Dir tut, das füg auch keinem anderen zu. Oder deutlicher ausgedrückt von Claus Eurich: *Wir haben nicht das Recht auf Ausbeutung und unverhältnismäßigen Luxus, solange anderes Leben darunter leidet.*

Durch einen Perspektivwechsel von außen nach innen kommen wir zur Besinnung. Es geht um den Gegenpol zum ständigen Tun und Machen – um Innehalten, Selbstreflexion und *Stille.* Stille und Tun gehören im Leben untrennbar zusammen. *Tun muss durch Nicht-Tun in Balance gebracht werden. Wir sind aufgefordert, unser Bestes zu geben und dann im Mysterium des Lebens zu ruhen,* sagt Saki Santorelli. Die meisten Menschen verlieren sich jedoch im außenorientierten Tun und haben wenig Erfahrung mit der Kultivierung der Innenwelt. Das Glück ist jedoch nur in unserem Inneren zu finden und es braucht bewusst gewählte Zeiträume, um in Kontakt mit uns selbst zu kommen. Wenn wir regelmäßig innehalten, um unserer inneren

Stimme zu lauschen, stoßen wir auf das, was im Leben für uns wesentlich ist. Auf diese Weise überwinden wir allmählich unser Getriebensein und unseren Konsumzwang und erfahren Klarheit, Ruhe und Verbundenheit mit den Menschen und der Welt.

TAO-Selbsterforschung

Nehmen Sie sich Zeit, die nachfolgenden Fragen zu beantworten.

- Wie kann eine Bildungsarbeit den inneren und äußeren Wandel unterstützen?
- Welche Formate braucht es, damit es uns gelingt, kontinuierlich zu lernen und zu wachsen?
- Und wie ist es möglich, dass Angebote für mehr Bewusstheit angesichts der globalen Herausforderungen nicht am Abend nach der Arbeit stattfinden, sondern in das alltägliche berufliche Tun integriert werden?

Aus all diesen Fragen und meinen eigenen langjährigen Erfahrungen in der Bildungsarbeit kristallisierte sich immer mehr heraus, dass es heute vor allem nicht Seminare, sondern *Trainings* braucht, die nicht nur den inneren Wandel im Blick haben und nach wenigen Wochen wieder zu Ende sind, sondern bei denen es auch um den äußeren Wandel geht und bei dem Menschen über einen längeren Zeitraum begleitet werden, damit es realistische Chancen für anhaltende Verhaltensänderungen gibt.

In vielen beruflichen Zusammenhängen kommt es mir so vor, als würde den Teilnehmenden in einem Weiterbildungskurs »ein ganzer Eimer mit frisch gepresstem Orangensaft« vorgesetzt. Die meisten Menschen fühlen sich von einer solchen Fülle überfordert und können die verschiedenen Impulse gar nicht aufnehmen und verarbeiten, so dass es meist zwar gute gemeinsame Tage waren, jedoch ohne dass von diesen Seminaren eine erkennbare Auswirkung für den beruflichen Alltag ausgeht. Ich tendiere immer mehr zu einem anderen Vorgehen, »zu einem wöchentlichen Glas frisch gepressten Orangensaft«. Eine solche Dosis erscheint mir viel maßvoller und verdaulicher. Und es gibt bereits Organisationen, die einen solchen neuen Weg eingeschlagen haben, wo das gemeinsame Lernen und Reflektieren integraler Bestandteil einer Arbeitswoche ist und jede Mitarbeiterin und jeder Mitarbeiter wöchentlich 60–90 Minuten Zeit für das Weiterlernen zusammen mit anderen Menschen zur Verfügung gestellt bekommt[10]. Anknüpfend an all diese Überlegungen und meiner jahrzehntelangen Erfahrung in der Vermittlung von Achtsamkeit habe ich das *Training Achtsamkeit in Organisationen (TAO)* entwickelt und stelle es in diesem Arbeitsbuch erstmals vor.

Ich danke allen Menschen, die mich mit ihren großzügigen und kritischen Rückmeldungen bei der Entstehung dieses Buches begleitet und ermutigt haben – ohne diesen freundschaftlich-professionellen Dialog wäre dieses TAO-Arbeitsbuch nicht entstanden. Ich danke meinem langjährigen Lektor Heinz Beyer für die vertrauensvolle und erfolgreiche Zusammenarbeit und meiner neuen Lektorin Katharina Colagrossi für die Leichtigkeit und Freude im gemeinsamen Tun. Besonders danke ich Ulrich Ott und Bernhard Hötzel für die vielen hilfreichen Hinweise, Ergänzungen und Korrekturen, Britta Hölzel für ihren zusammenfassenden Überblick über die Wirksamkeit von achtsamkeitsbasierten Verfahren und Kai Romhardt für das Vorwort.

Möge dieses Buch uns alle auf dem Weg des inneren und äußeren Wandels ermutigen und mögen wir aus der Stille die Kraft für ein beherztes Handeln inmitten der globalen Krise finden.

Gießen, im September 2021
Rüdiger Standhardt

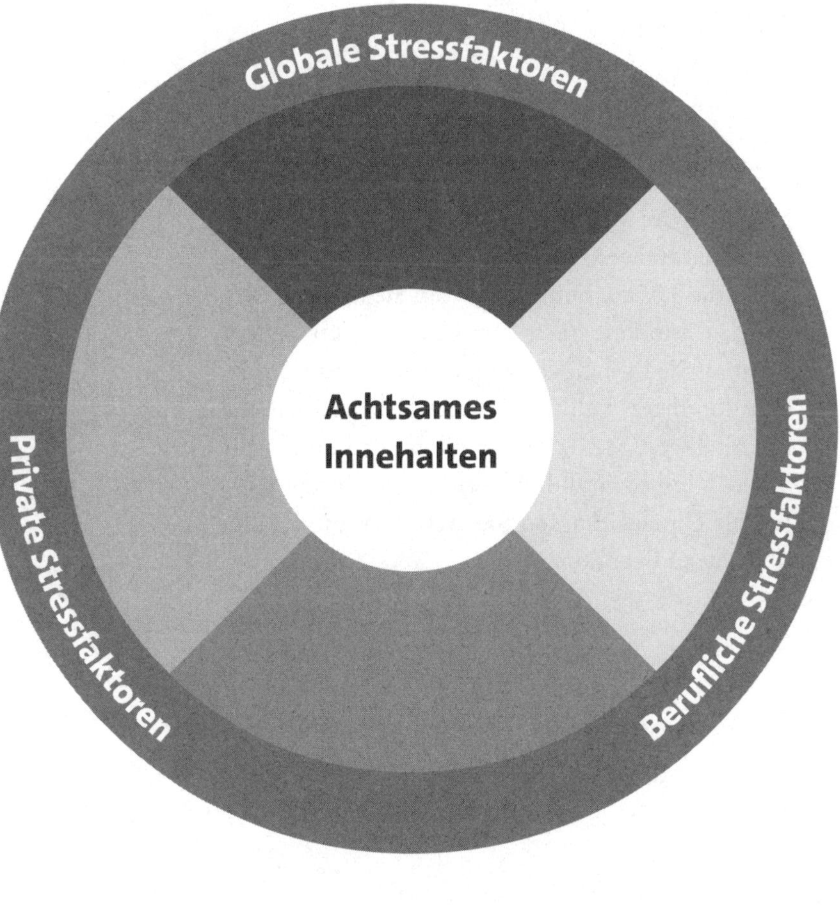
Globale Stressfaktoren
Private Stressfaktoren
Berufliche Stressfaktoren
Achtsames Innehalten

TAO-Übung 1:

Achtsames Innehalten

Nehmen Sie sich jetzt Zeit für *achtsames Innehalten* im Sitzen. Hören Sie auf der beiliegenden CD 1 die TAO-Übung 1. Richten Sie bewusst Ihre Aufmerksamkeit nach Innen. Im ersten Schritt nehmen Sie Ihre Gedanken, Gefühle und Körperempfindungen wahr. Im zweiten Schritt beobachten Sie Ihren Atem. Und in einem dritten Schritt erleben Sie sowohl den Atem als auch den Körper als Ganzes. Lassen Sie sich Zeit, die Übung in Ruhe zu beenden.

Bedienungsanleitung

Im ersten Kapitel *Ermutigung zum Wandel* geht es um die Grundlagen des Trainings Achtsamkeit in Organisationen (TAO). Ich spreche über die globale Krise, stelle Ihnen sechs spannende Leitfiguren des Wandels vor und werde, wie schon in der Einleitung, sehr persönlich. Nachdem Sie bereits etwas über mein Engagement und meine Bequemlichkeit erfahren haben, lasse ich Sie im ersten Kapitel des Buches an meinem inneren Ringen angesichts der Zerstörung unseres Planeten Anteil nehmen. Diese persönlichen Einblicke sind für Sie vielleicht ungewöhnlich und überraschend, doch genau diese Konkretisierung braucht es, wenn der notwendige innere und äußere Wandel gelingen soll. Meine persönlichen Anmerkungen verstehen sich als eine *Einladung* an Sie, genauer herauszufinden, welche unterschiedlichen Gefühle die globale Krise in Ihnen auslöst und wie Sie inmitten der Herausforderungen leben wollen.

Es kann sein, dass die Themen des ersten Kapitels im Moment zu schwer sind und sich in Ihnen Widerstand regt. Vielleicht wäre eine kürzere Abhandlung für Sie passender gewesen. Und so ist bereits das Lesen des ersten Kapitels eine Achtsamkeitsübung. Überprüfen Sie, ob Sie das Kapitel zu Ende lesen wollen oder ob Sie lieber mit dem zweiten Kapitel weitermachen wollen.

Das zweite Kapitel *Einübung der TAO-Praxis* bildet den Kern dieses

Buches. Es geht hier ganz praktisch und kurzweilig um die Umsetzung der Achtsamkeit in den beruflichen Alltag. Es ist in vier Module unterteilt. Im ersten Modul geht es um achtsame Persönlichkeitsentwicklung, im zweiten Modul um achtsame Kommunikationsentwicklung, das dritte Modul handelt von achtsamer Führungskräfteentwicklung und im vierten und letzten Modul geht es um achtsame Organisationsentwicklung.

Im Kapitel *Einführung von Achtsamkeit in Organisationen* zeige ich auf, was bei einer erfolgreichen TAO-Einführung zu beachten ist.

Achtsamkeit wirkt! In den letzten 20 Jahren waren es über 9.560 Studien, die sich mit der *Wirksamkeit von Achtsamkeit* beschäftigt haben. Einen ausgezeichneten Überblick über die Forschungsarbeiten zu unserem Thema gibt die von mir geschätzte Neurowissenschaftlerin Dr. Britta Hölzel im Kapitel *Forschungsstand zu Achtsamkeit in Organisationen*.

Im *Schlusswort* komme ich auf den Titel des Buches zur sprechen. Es geht um den Weg des TAO, das heißt, im Einklang mit dem Fluss des Lebens zu sein, ein ausbalanciertes Leben zu führen und die Fähigkeit zu erlangen, aus der inneren Stille heraus zu handeln.

Im *Anhang* finden sich eine Vielzahl von Anmerkungen mit weiterführenden Literaturhinweisen, eine Übersicht über grundlegende Veröffentlichungen sowie weiterführende Informationen zur TAO-Trainerausbildung.

Die beiliegenden CDs enthalten alle neun angeleiteten Übungspraktiken des TAO-Trainings.

I.
Ermutigung zum Wandel

Es ist ein langer Weg,
bis man richtig begreift,
dass unsere Erde in einem
lebensbedrohlichen Zustand ist.
Joanna Macy

> Die Schlüsselfrage lautet, *wie* wir leben wollen, *was* wir als wünschbar und wertvoll und *was* als ungut ansehen.
>
> *Claus Eurich*

Wir leben in einer schönen, herausfordernden und tragischen Zeit. Auf der einen Seite erleben wir einen nie dagewesenen Wohlstand und verfügen über technische Möglichkeiten, die noch vor wenigen Jahrzehnten unvorstellbar gewesen sind. Auf der anderen Seite sind wir verschiedenen Stressfaktoren ausgesetzt und verursachen mit unserem maßlosen Konsum eine unfassbare Zerstörung des Lebens auf unserem Planeten.

Globale Stressfaktoren

Es ist nicht mehr zu übersehen, dass wir als Menschheit in einer tiefen globalen Krise stecken, weil unser Überleben auf diesem Planeten stark gefährdet ist und wir den zukünftigen Generationen die Folgen unserer organisierten Verantwortungslosigkeit aufbürden.

Bereits vor knapp fünfzig Jahren haben der Club of Rome in seinem Bericht »Die Grenzen des Wachstums«, der Ökonom Ernst Schumacher in »small is beautiful« und der Psychoanalytiker und Philosoph Erich Fromm in »Haben oder Sein« eindrücklich darauf hingewiesen, dass trotz verschiedener hoffnungsvoller Faktoren »die Chancen gering bleiben, dass es zu den notwendigen menschlichen und gesellschaftlichen Veränderungen kommt«[11]. In den neunziger Jahren des letzten Jahrhunderts haben unter vielen anderen Gerhard Breidenstein in »Hoffen inmitten der Krise« und die BEAULIEU-Bewegung in »Aufbruch von innen« ausführlich dargelegt, dass unsere Art zu leben keine Zukunftsperspektive hat und es eine das Leben bejahende ökospirituelle Kultur braucht, um die Fehlentwicklungen unserer Gesellschaft zu korrigieren. In den letzten Jahren waren es beispielsweise die Veröffentlichungen »Für das Leben! Ohne Warum« der Ökophilosophin und Aktivistin Joanna Macy, die Publikation »Aufstand für das Leben. Vision für eine lebenswerte Erde« des Philosophen und Publizisten Claus Eurich und der Bestseller »Unsere Welt neu denken« des Club-of-Rome-Mitgliedes Maja Göpel – alle drei Autor:innen machen darauf aufmerksam, »dass ein ›Weitermachen wie bisher‹ nicht funktionieren wird.«[12]

An dieser Stelle soll es genügen, *beispielhaft* verschiedene Stichworte und Zahlen in Erinnerung zu rufen, um die globale Krise zu verdeutlichen:

- Die Klimakrise durch die Nutzung fossiler Brennstoffe, das Abholzen der Regenwälder und die Viehzucht mit der Konsequenz, dass sich die Treibhausgase erhöhen und dies die Klimaerwärmung verstärkt.
- Die Verknappung und Vergiftung unseres Trinkwassers, weil der Wasserkonsum im letzten Jahrhundert um das Sechsfache zugenommen hat. Der aktuelle Weltwasserbericht warnt vor einer drastischen Ausdehnung von

Trockengebieten auf der ganzen Welt. Über zwei Milliarden Menschen fehlt schon heute der Zugang zu sauberem Wasser.

- Jedes Jahr werden in Deutschland 45 Millionen Küken geschreddert und sehr viele Tiere werden unter unwürdigen Lebensbedingungen gehalten. So vegetieren beispielsweise Millionen deutscher Mastschweine in engen, reizarmen Ställen bewegungslos dahin.

> Solange Armut existiert, gibt es keinen wirklichen Frieden. Die Schritte, die von den Industrieländern gemacht werden müssen, sind klar: Der erste ist, für einen gerechten Welthandel sorgen.
>
> *Nelson Mandela*

- Der jährliche Fleischkonsum liegt mit rund 60 Kilogramm pro Kopf immer noch über dem weltweiten Durchschnitt und das Fleisch stammt fast immer aus qualvoller und klimaschädlicher Massentierhaltung. Außerdem beklagen Natur- und Umweltschutzorganisationen den globalen Flächen- und Wasserverbrauch, die Emission von Treibhausgasen und die abnehmende Fruchtbarkeit des Bodens.
- Das Aussterben zahlloser Pflanzen- und Tierarten – jeden Tag verschwinden über 150 Arten für immer von unserem Planeten.
- Ein rapides Bevölkerungswachstum hat innerhalb von fünfzig Jahren stattgefunden. Die Anzahl der Menschen hat sich in dieser Zeit mehr als verdoppelt. Die UNO erwartet bis 2050 einen Anstieg von 7,8 Milliarden Menschen auf zehn Milliarden Menschen.
- Jeden Tag sterben über 24.000 Menschen an den Folgen von Hunger. Weltweit leiden über 800 Millionen Menschen unter Hunger und das bedeutet: Jeder neunte Mensch hat nicht genug zu essen.

- Massive Ungerechtigkeiten durch einen einseitigen Welthandel auf Kosten der ärmeren Staaten. Ohne einen fairen Ordnungsrahmen für den Welthandel können kleine und arme Länder ihre Vorteile nicht nutzen. Außerdem werden die ärmeren Länder zunehmend von viel zu billigen Produkten der reicheren Länder überschwemmt, zum Beispiel mit billigen Hähnchenfleisch-Exporten der EU nach Afrika mit der Konsequenz, dass einheimische Bauern nicht mehr mithalten können und bankrott gehen.
- Deutschland produziert pro Kopf mehr Müll als fast alle anderen europäischen Staaten und exportiert tonnenweise – teils falsch etikettierte Abfälle – ins Ausland, darunter auch immer wieder giftigen Müll.
- In den deutschen Atomkraftwerken werden jährlich rund 450 Tonnen hochradioaktive abgebrannte Brennelemente erzeugt und die Entsorgung der hochradioaktiven Abfälle ist auch nach Jahrzehnten nicht gelöst.
- Die Atommächte verfügen über genügend atomare Sprengköpfe, um die Menschheit mehrfach auszulöschen.
- Der Rüstungswettlauf zwischen den Großmächten geschieht ungebremst und es gibt keine Hoffnungen auf neue wirksame Absprachen zur Rüstungskontrolle bzw. zum Rüstungsabbau.
- Deutsche Waffenproduzenten rüsten hemmungslos Staaten in aller Welt mit Waffen aus und deutsche Unternehmen zählen – auch nach zwei verlorenen Weltkriegen im letzten Jahrhundert – zu den wichtigsten Waffenexporteuren der Welt.
- Ein von den Demokratien weitgehend ungezügelter Finanzkapitalismus, massive Steuervermeidung von großen Unternehmen und eine ungebro-

chene Macht der globalen Finanzwirtschaft auch über zehn Jahre nach der großen Finanzkrise 2008.

- Der aktuelle Ungleichheitsbericht zeigt: Die 42 reichsten Menschen der Welt haben so viel Vermögen wie die 3,7 Milliarden Menschen der ärmeren Hälfte zusammen und die Vermögensunterschiede werden immer größer.
- Ein blindes Wirtschaftswachstum mit einem unwiederbringlichen Ressourcenverbrauch. Der *Earth Overshoot Day*, der Termin im Kalenderjahr, ab dem wir mehr Ressourcen verbrauchen als wiedergewinnbar sind, rückt im Jahresverlauf – außer im Corona-Jahr 2020 – immer weiter nach vorne.
- In der westlichen Konsumgesellschaft gilt das Motto: *Was gestern noch Luxus war, ist heute normal.* Knapp zwei Milliarden Menschen gehören schon der »Konsumentenschicht« an, die mehr kaufen als nötig, um ihre Grundbedürfnisse zu befriedigen. Untersuchungen zeigen: Gier und Konsum machen nicht glücklich und führen nicht zu einem erfüllten Leben.

Berufliche Stressfaktoren

Innerhalb von drei Jahrzehnten hat sich das berufliche Tun grundlegend verändert. Gab es früher in einem Büro nur einen einfachen PC, einen Festnetzanschluss und ein Faxgerät, so nutzen wir heute ganz selbstverständlich Laptops, Smartphones, Drucker mit Kopier- und Scanfunktion und vieles andere mehr. Die Arbeit im Homeoffice und die Nutzung von Videokonfe-

> Wir sind mit dem zweifelhaften Privileg ausgestattet, die erste Spezies in der Geschichte des Planeten zu sein, die das Potential für einen kollektiven Selbstmord entwickelt hat.
>
> *Stanislav und Christina Grof*

renzdiensten ist für viele Menschen mittlerweile eine Selbstverständlichkeit geworden. Angesichts des tiefgreifenden Wandels wird im beruflichen Kontext immer öfters von der »VUCA-Welt« gesprochen. VUCA ist ein Kurzwort und setzt sich aus vier Begriffen zusammen: Volatility (Unbeständigkeit), Uncertainty (Unsicherheit), Complexity (Komplexität) und Ambiguity (Mehrdeutigkeit). Die Aufgabe unserer Zeit besteht darin, die Herausforderungen des Wandels anzunehmen und einen gelassenen Umgang mit Unvorhersehbarkeit und Nicht-Wissen zu finden. Die nachfolgenden Stichworte lassen deutlich werden, worunter Menschen im beruflichen Kontext leiden und was ihnen zu schaffen macht:

- Arbeitsverdichtung
- Zeit-, Leistungs- und Konkurrenzdruck
- unklare Arbeitsanweisungen
- Einsatz immer neuer Technologien
- ständige Veränderungen der Arbeitsprozesse
- schlechtes Führungsverhalten
- Multitasking-Anforderungen
- Überstunden sowie Arbeit am Wochenende
- Angst um den eigenen Arbeitsplatz
- Konflikte am Arbeitsplatz

Private Stressfaktoren

Auch im privaten Alltag hetzen viele Menschen von Termin zu Termin, haben Angst, etwas im Leben zu verpassen, und geben viel zu oft dem Zwang zur Selbstoptimierung nach. Anstatt die »Frei-Zeit« zu genießen, erleben sie Freizeit-Stress. Stress im persönlichen Umfeld kann sehr unterschiedlich aussehen und wann etwas als stressig erlebt wird, ist sehr subjektiv. Es hängt von der eigenen Persönlichkeit, den individuellen Erfahrungen sowie den erworbenen Stresskompetenzen ab. Wichtige persönliche Stressfaktoren sind:

- Unsicherheiten, Existenzängste sowie Verlust des Arbeitsplatzes
- Dauererreichbarkeit durch die Digitalisierung
- perfektionistische Anforderungen an sich selbst
- schwaches Selbstwertgefühl und mangelndes Durchsetzungsvermögen
- Verlust der natürlichen Fähigkeit zur Regeneration
- Doppelbelastung durch Beruf und Familie
- Betreuung von pflegebedürftigen Angehörigen
- Fernseh-, Smartphone- und Konsumsucht
- zwischenmenschliche Konflikte

Die Dimensionen des Wandels

Doch kommen wir zurück zum *wichtigsten Menschheitsthema*, den globalen Stressfaktoren. Wir haben die Wahl, wie wir die Welt sehen wollen und es gibt mindestens drei verschiedene Möglichkeiten. Wir können *erstens* die globale Krise leugnen und weiterleben wie bisher. Wir können *zweitens* den fortschreitenden Zerfallsprozess wahrnehmen, resignieren und nichts dagegen unternehmen. Oder wir können *drittens* die Krise erkennen und zugleich uns mit anderen Menschen zusammenschließen und uns für unseren »blauen Planeten« engagieren.

Die Tiefenökologin Joanna Macy nennt diese dritte Wahl den »großen Wandel« und für sie ist dieser Wandel »das entscheidende Abenteuer unserer Zeit. Es geht dabei um den Übergang der zum Scheitern verurteilten Wirtschaft der industriellen Wachstumsgesellschaft zu einer das Leben erhaltenden Gesellschaft«[13]. Dieser Wandel hat verschiedene Dimensionen:

1. *Protestaktionen zur Verteidigung des Lebens* einschließlich Aktionen des zivilen Ungehorsams; es macht einen großen Unterschied, ob wir nur zuhause und im Verborgenen wirken oder den Mut haben, auf die Straße zu gehen und unseren Einsichten einen sichtbaren und öffentlichen Ausdruck zu geben.
2. *Analyse und Transformation der Systeme und der Grundlagen unseres Zusammenlebens.* Wir erkennen die strukturellen Ursachen der globalen Krise und zugleich finden wir Wege, um in einer neuen Weise dem Gemeinwohl zu dienen.
3. *Bewusstseins- und Wertewandel.* Die Grundlage für die ersten beiden Dimensionen sind innere Überzeugungen und Wertvorstellungen, wie wir uns selbst, die Menschen und die Welt sehen, und die daraus fol-

gende Veränderung unseres Bewusstseins kann uns beispielsweise von der Illusion darüber, was wir besitzen müssen, befreien.[14]

Die drei Dimensionen des Großen Wandels

Sie wirken gleichzeitig und verstärken sich gegenseitig

Protestaktionen

z. B. Kampagnen zur Verteidigung des Lebens auf der Erde

Bewusstseins-veränderung

z. B. die Veränderung von Wahrnehmung, Denken und Werten

Transformation der Systeme

z. B. Entwicklung neuer ökonomischer und sozialer Strukturen

Wie so oft im Leben stecken alle drei Aspekte (Leugnung, Resignation, Engagement) in *jedem* von uns – entscheidend ist, einerseits alle Aspekte in uns willkommen zu heißen, auch Apathie, Ängste und Pessimismus, und andererseits immer wieder neu eine bewusste Entscheidung zu treffen, welche Dimension für uns handlungsleitend ist. Wir brauchen jetzt Menschen, die mit Klarheit, offenem Herzen und Freude diesen Wandel aktiv mitgestalten in dem Bewusstsein, dass völlig offen ist, ob der notwendige

Wandel noch rechtzeitig eintreten wird oder nicht. Und so sehr dieser Wandel auch von uns gewünscht wird und zugleich unsicher ist, entscheidend ist das wache Leben im Jetzt, das heißt, auch wenn es fünf nach zwölf sein sollte, werden wir die Kostbarkeit eines jeden Tages so bewusst wie möglich erleben und das aus Liebe tun, was jetzt zu tun ist. Oder um es mit Martin Luther auszudrücken: *Wenn ich wüsste, dass morgen die Welt unterginge, würde ich heute noch ein Apfelbäumchen pflanzen.*

Was auf jeden Fall sicher ist, dass auf uns ein »sehr stürmisches Wetter« wartet und wir uns auf Katastrophen einstellen müssen, die größer sein werden, als wir es uns heute vorstellen können: »Wenn entfernte Absatzmärkte zusammenbrechen und die Vorräte versiegen, Finanzinstitutionen kollabieren und klimabedingte Katastrophen sich häufen, werden die Schockwellen, die uns überfluten, uns in Angst und Chaos versetzen.«[15] Die Erfahrungen mit der COVID-19-Pandemie geben uns einen ersten Vorgeschmack auf das, was auf uns alle wartet.

Nach meinen Anmerkungen zur globalen Krise stellt sich *die* zentrale Frage:

Warum tun wir fast nichts
inmitten unserer Selbst- und Weltzerstörung?

Und noch weitere Fragen stellen sich: Warum sind wir so apathisch inmitten der offensichtlichen Destruktivität des Menschen? Warum verleugnen und verdrängen wir das Offensichtliche? Was braucht es für das Wagnis zu einer grundlegenden Verhaltensänderung? Was unterstützt uns, gegen den

Strom der Konsumsucht zu schwimmen? Was braucht es für eine »Lust am Verzicht«[16] und an der Freude, ein Leben in Einfachheit zu führen?

Welche strukturellen Veränderungen braucht es, um Wege von der Verschwendung zur mehr Nachhaltigkeit, von der Quantität zur Qualität und vom »Haben« zum »Sein« zu finden? Was ist der Grund, warum das Menschheitsthema Nr. 1 – die globale Krise – in unserer alltäglichen Kommunikation so gut wie gar nicht vorkommt? Warum vermeiden wir die Themen »Schuld«, »Scham« und »Versagen« und tun so, als hätten die Themen nichts mit uns selbst zu tun? Welche Werte sind für uns wichtig und handlungsleitend? Was ist nötig, um auch an unserem Arbeitsplatz den notwendigen Wandel mitzugestalten, und wie kann unser Beitrag dafür aussehen?

Einfachheit ist der Verzicht auf das, was es zu einem Leben in Würde nicht braucht.

Claus Eurich

Die Zeit der allgemeinen Appelle, Erklärungen und Manifeste ist vorbei. Wir brauchen zunächst keine weiteren Informationen mehr, sondern wir sind eingeladen, innezuhalten und uns Zeit für eine ehrliche Selbstreflexion zu nehmen.

TAO-Selbsterforschung

Nehmen Sie sich Zeit, in Ruhe die nachfolgenden Fragen zu beantworten und legen Sie sich diese Fragen mindestens eine Woche lang jeden Tag erneut vor und schauen Sie, welche Antworten aus Ihrem Inneren aufsteigen.

- Was ist der Grund, warum ich selbst angesichts der globalen Krise nichts, nur sehr wenig oder viel zu wenig tue?
- Warum bin ich so bequem und träge und verlasse so selten meine Komfortzone?
- Wie gehe ich mit den schmerzlichen Gefühlen der Ohnmacht, der Angst und der Verzweiflung um?
- Was sind meine wichtigsten Hindernisse auf dem Weg zu einer Konsumbefreiung?
- Welche konkreten Veränderungen in meinem Lebensstil habe ich bereits vorgenommen? Und was gibt es für mich noch zu tun?
- Wer kann mich inspirieren auf meinem Weg zu mehr Einfachheit, Lebensfreude und Nachhaltigkeit?
- Welche Menschen kenne ich, mit denen ich mich über die überlebenswichtigen Themen und diese Fragen der Selbsterforschung austauschen kann?
- Mit wem treffe ich mich wann zum Austausch?

Der erste Aspekt auf dem Weg zum inneren und äußeren Wandel ist benannt: Die *ehrliche Selbstreflexion* über den eigenen Umgang mit den globalen Herausforderungen. Obwohl die Zeit drängt, ist es wichtig, sich Zeit zum Innehalten zu nehmen. Und vielleicht braucht es für einen mutigen Anfang auch so etwas wie eine persönliche Standortbestimmung. Eine solche verschriftlichte Selbsterkenntnis ist ein Ausgangspunkt zu einem Gespräch über Scham und Mitverantwortung angesichts der globalen Krise. Meine persönliche Erklärung zu meiner Handlungsverantwortung inmitten der globalen Krise habe ich wie folgt formuliert:

Mein Leben findet auf dem historischen Hintergrund statt, dass von Deutschland aus im 20. Jahrhundert zweimal ein Weltkrieg ausgegangen ist und durch den zweiten Weltkrieg ca. 55 Millionen Menschen das Leben verloren haben. Hervorzuheben sind die Gräueltaten, die jüdischen Mitbürgern angetan wurden und besonders die sechs Millionen Juden, die in den Konzentrationslagern durch deutsche Menschen getötet wurden. Nach dem Ende dieser großen Tragödie gab es in unserem Land unendlich viel Sprachlosigkeit und Scham und nur wenige Menschen fanden selbstkritische Worte, wie beispielsweise einige evangelische Theologen, die die Stuttgarter Schulderklärung im Oktober 1945 formulierten. Viele Kinder der Täter fragten sich, ob die Menschen dieser Zeit nicht gewusst hätten, was in den Konzentrationslagern oder in Russland geschah. Und die Antworten waren, wenn es überhaupt Antworten gab, meist sehr unbefriedigend. Unsere schmerzliche Geschichte ist noch nicht zu Ende, sondern wirkt bis in unsere Zeit nach. Heute im 21. Jahrhundert haben wir es

mit einer Tragödie zu tun, die das Leben und Überleben auf diesem Planeten in Frage stellt! Ich kenne die Studie »Grenzen des Wachstums« und verfüge über genügend Informationen für die erforderlichen Veränderungen zum Erhalt unserer Welt. Mir ist bekannt, dass unser westlicher Wohlstand nur auf Kosten der sogenannten Dritten bzw. Vierten Welt möglich ist, deren Menschen wir gnadenlos ausbeuten. Ich weiß auch, dass durch die atomare Rüstung dieser Planet jederzeit und mehrfach in die Luft gesprengt werden kann. Wir verbrauchen täglich viel zu viele Rohstoffe, so dass mein und unser Wohlstandsleben nicht für alle Menschen auf dieser Erde möglich ist und gefährden zugleich durch unser Nicht-Handeln das Überleben auf diesem »blauen Planeten«. Auf dem Hintergrund, dass eine Zukunft für uns, unsere Kinder und Enkel mehr als ungewiss ist, bekenne ich:
Ich habe aus der leidvollen deutschen Geschichte nicht viel gelernt, sondern führe ein privilegiertes Leben in der Komfortzone. Viel zu oft habe ich mich an der gesellschaftlichen Sprachlosigkeit über die Zerstörung unserer Lebensgrundlagen mitbeteiligt.

- *Ich erkenne schmerzlich meine individuelle und unsere strukturelle Verantwortungslosigkeit, die nicht dadurch besser wird, dass fast alle das Leiden der Menschen, Tiere und Pflanzen verdrängen und sich nicht für eine radikale, an die Wurzel gehende Veränderung zuständig fühlen.*
- *Ich erkenne voller Scham, dass ich die letzten Jahrzehnte viel zu wenig genutzt habe, mich entschieden für eine Umkehr vom grenzenlosen Wachstum einzusetzen, obwohl ich mehr als ausreichende Kenntnis über die damit ein-*

hergehende ökologische Zerstörung und die Vernichtung unzähliger Arten und Lebensformen hatte.

- *Ich habe mich in den vergangenen Jahrzehnten mit allen möglichen Themen beschäftigt, aber viel zu selten mit der entscheidenden Frage, wie die globale Krise bewältigt werden kann und wie vor allem auch ein entschlossener Beitrag von mir selbst aussehen kann.*
- *Ich fühle mich schuldig für mein klagloses Einverstandensein mit Armut und Hunger in dieser Welt, für mein Konsumverhalten und für mein Unvermögen, in ehrlicher Weise das Gespräch mit anderen Menschen über unsere offensichtliche Selbstzerstörung zu suchen.*
- *Ich erkenne, dass meine eigene Bequemlichkeit und mein fehlendes bzw. viel zu schwaches Engagement mit dazu beigetragen haben, dass es mittlerweile eine Minute vor zwölf ist und uns nur noch wenige Jahre bleiben, um einen grundlegenden Wandel einzuleiten, der nicht nur den nach uns kommenden Menschen, sondern dem Leben an sich Raum und Perspektive für eine würdevolle Existenz bietet.*

TAO-Selbsterforschung

Lesen Sie die persönliche Erklärung zur eigenen Handlungsverantwortung mehrmals in Ruhe durch und nehmen Sie sich dann Zeit, die nachfolgenden Fragen schriftlich zu beantworten.

- Welche Worte haben mich in der Erklärung angesprochen?
- Welche Gefühle erlebe ich in mir, wenn ich diese Worte lese?
- Wo habe ich Widerstand oder Ablehnung in mir gespürt?
- Wann habe ich das Gespräch mit meinen Kindern und anderen jüngeren Menschen über unsere globale Krisensituation gesucht?
- Wie sähe meine persönliche Erklärung inmitten der Krise aus?
- Was motiviert oder hindert mich, meine Erklärung jetzt zu schreiben?

Ein zweiter Aspekt ist die *Feier des Lebens*, denn für ein ökologisches Engagement braucht es eine positive Grundhaltung und die Gemeinschaft mit anderen Menschen. Regelmäßig, vielleicht einmal im Quartal, treffen sich eine überschaubare Anzahl von Menschen, um sich durch das Geheimnis des Lebens berühren zu lassen und das Geschenk des Lebens zu feiern[17]. Es geht um die Schönheit und die Gefährdung des Lebens und die Absicht, nährende Begegnungsräume und Weggemeinschafen zu kreieren. Eine solche freudige Feier ist eine Zeit des gemeinsamen Essens und Trinkens, der Stille und Dankbarkeit, des Tanzes, der Musik und des Singens sowie der Selbstreflexion und des Austausches über die ganz persönlichen Erfahrungen auf dem Weg des inneren und äußeren Wandels. Solche ökospirituellen Feiern, die jeder von uns anregen und auf den Weg bringen kann, sind Kraft- und Ermutigungsorte für einen Aufbruch von innen und zugleich eine Liebeserklärung an das Leben.

Beim dritten Aspekt geht es um die *Veränderung des eigenen Lebensstiles*. Dazu braucht es Forschergeist und einen Aktionsplan. Wichtige Inspirationen und erfrischende Anregungen, wie wir unser alltägliches Leben einfacher und nachhaltiger gestalten können, habe ich in dem Buch »Going Green«[18] von Janine Steeger und in dem Buch »Projekt Green Zero«[19] von Dirk Gratzel erhalten. Beide Autoren berichten darüber, wie sie ihr Konsumverhalten verändert haben, damit ihr Leben ökologisch verträglicher wird. Bei ihrer Neuausrichtung ging es darum, die Ernährung zu überdenken und das Einkaufsverhalten zu verändern, nachhaltiger zu reisen, Kleidung bewusster einzukaufen, Transport-Alternativen zu nutzen, Kaufentscheidungen achtsamer zu fällen sowie gründlich zu entrümpeln.

Es ist besser unvollkommen zu beginnen, als perfekt zu zögern.
Bodo Schäfer

Sofort umsetzbare Anregungen, um den Alltag nachhaltiger zu gestalten

- Weniger konsumieren und weniger wegschmeißen
- Aussortiertes verschenken oder verkaufen
- Leitungswasser trinken statt Wasser aus Plastikflaschen
- Viel weniger Fleisch essen und wenn, dann aus verantwortungsvoller Tierhaltung
- So viele Biolebensmittel wie möglich kaufen
- Auf regionales, saisonales und unverpacktes Essen achten
- Weniger Auto fahren und fliegen, mehr das Fahrrad und öffentliche Verkehrsmittel nutzen
- Zu 100-Prozent-Ökostrom wechseln
- Beim Einkauf von Kleidung auf Langlebigkeit und Ökosiegel achten
- Umweltfreundliche Körperpflegeprodukte, Reinigungs- und Waschmittel kaufen
- Verpackungen vermeiden und wiederverwendbare Einkaufsbeutel benutzen
- To-go-Produkte und Fast Food möglichst meiden
- über den eigenen Lebensstil und Konsum nachdenken, unperfekt anfangen und sich mit anderen Menschen über ein nachhaltigeres Leben austauschen

Viele Jahre schon inspirieren mich die Arbeit des Achtsamkeitslehrers Kai Romhardt und die aus dem Netzwerk Achtsame Wirtschaft hervorgegangene Wirtschaftsethik[20]. In seinem Buch »Achtsam wirtschaften« zeigt er anschaulich auf, wie wir zu einem rechten Maß und einem Weg aus unserer Ego-Falle finden können. Seine Kernaussage lautet: *Wir sind die Wirtschaft* und somit sind wir mit unserem Konsumverhalten auch mitverantwortlich für den schlechten Zustand unserer Welt. Die drei grundlegenden Themen lauten: *Wir* sind die Arbeit, *wir* sind das Geld und *wir* sind der Konsum. Zugleich macht er darauf aufmerksam, dass das, was uns zu fehlen scheint, bereits in uns ist: »Es kann nicht durch Konsum, Karriere oder andere Erfolge im Außen erjagt werden. Konzentrieren wir uns auf unseren Geist und kultivieren wir Achtsamkeit, sehen wir, dass wir in einer Welt der Fülle leben. Wir konzentrieren uns weniger auf die materielle Dimension des Lebens und stärken die geistige Dimension unseres Daseins, die für unsere Lebensqualität von zentraler Bedeutung ist.«[21]

Leitfiguren des Wandels

Weltweit gibt es mittlerweile ganz viele großartige Menschen, die den notwendigen inneren und äußeren Wandel zu ihrem Herzensanliegen gemacht haben, mit Entschlossenheit und Zivilcourage ihren Weg gehen und dabei beachtliche Erfolge erzielen. Viel zu wenig wird von diesen Persönlichkeiten berichtet und zugleich können genau diese Menschen für uns eine Ermutigung sein, trotz aller Herausforderungen nicht zu resignieren, sondern positive, lebensfördernde Veränderungen auf den Weg zu bringen. Nachfolgend stelle ich drei Frauen und drei Männer vor, die für mich *Leitfiguren des Wandels* sind.

Luisa Neubauer ist mit fünfundzwanzig Jahren die jüngste Person meiner Leitfiguren des Wandels. Schon in frühen Jahren war sie in Jugend- und Klimaschutzorganisationen sowie bei den Grünen politisch aktiv. Sie ist eine bekannte Klimaaktivistin und gilt als die deutsche Greta Thunberg. In Deutschland ist sie eine Mitorganisatorin des Schulstreiks *Fridays for Future* und Mitautorin des Buches »Vom Ende der Klimakrise. Eine Geschichte unserer Zukunft«[22]. In diesem Buch analysiert sie zusammen mit Alexander Repenning die sich anbahnende Klimakrise und zeigt Lösungswege auf. Darüber hinaus beschreibt sie in zahlreichen Kolumnen und Blogs ihre Sicht der Klimakrise: »Denn es fühlt sich tatsächlich so an, als würden wir in einem Auto sitzen, das auf einen Abgrund zusteuert. Doch anstatt zu bremsen, wird beschleunigt. Wir wurden in dieses Auto gesetzt, ohne dass wir gefragt wurden. Es gibt diesen Abgrund wirklich. Der menschengemachte Klimawandel ist real und wir erleben dieser Tage die gravierenden Veränderungen, die er mit sich bringt. Wir sind die unfreiwilligen Passagiere. Und mit ›wir‹ meine ich die Generation, die mehr als alle anderen mit den Folgen des Klimawandels leben muss. ›Wir‹ sind auch die letzte Generation, die noch in der Lage sein wird, die schlimmsten Auswirkungen der Klimakrise abzuwenden. Unsere Fahrer sind die Politikerinnen und Politiker, Entscheidungsträger und Industrievorstände [und die Eltern von

›Wir‹, Anmerkung des Autors], die mit dem Fuß auf dem Gaspedal stehen.«[23] Das Anliegen von Luisa Neubauer und anderen Aktivisten ist noch moderat, denn sie fordern lediglich, dass die Politiker, die im Dezember 2015 in Paris verfasste, erste umfassende und rechtsverbindliche weltweite Klimaschutzvereinbarung umsetzen. In diesem Dokument wird ein globaler Rahmen festgelegt, mit dem Ziel, die Erderwärmung unter 2 °C zu halten.

Beeindruckend an Luisa Neubauer finde ich ihre fundierten Kenntnisse über die globale Krise, insbesondere über den Klimawandel, ihr unerschrockenes Engagement bei den Streikveranstaltungen *Fridays for Future*, ihre begeisternden Vorträge und ihre Fähigkeit, sehr kompetent und souverän mit Politikern und Wissenschaftlern in Funk und im Fernsehen zu diskutieren. Luisa Neubauer hält uns allen empathisch und schonungslos den Spiegel vor und prophezeit, dass eines Tages als größtes politisches Versagen unserer Zeit beschrieben werden wird, wie die Weltgemeinschaft den Planeten zerstört hat.

Ruth C. Cohn ist die Begründerin der Themenzentrierten Interaktion (TZI) und eine der einflussreichsten Vertreterinnen der humanistischen Psychologie und Pädagogik. Ruth C. Cohn erlebte als Jüdin 1933 nach der Machtergreifung der Nationalsozialisten die Anfänge der Judenverfolgung in Berlin mit. Einen Tag vor dem ersten Boykott jüdischer Geschäfte gelang ihr die Flucht in die Schweiz, wo sie in Zürich ihr Psychologiestudium fortsetzte, doch ihr eigentliches Interesse galt ihrer psychoanalytischen Ausbildung. Bereits in dieser Zeit des wachsenden Naziterrors bedauerte sie, dass durch die psychoanalytische Praxis nur einer sehr begrenzten Zahl von zudem häufig privilegierten Menschen geholfen werden könne. Mitte der sechziger Jahre kristallisierten sich für Ruth C. Cohn, die mittlerweile in den USA wohnte, nach vielen Jahren praktischer Arbeit in den Bereichen Pädagogik, Psychologie und Psychotherapie die Grundlagen der Themenzentrierten Interaktion heraus. Vier verschiedene Aspekte sind für lebendiges Lernen und Lehren gleich wichtig und werden in einer dynamischen Balance gehalten: Die einzelne Person (= Ich), die Gruppenmitglieder (= Wir), der Lernstoff bzw. die Aufgabe (= Es) und das Umfeld bzw. die Umgebung im nächsten und weitesten Sinn (= Globe).[24]

Von Anfang an hatte die TZI für Ruth C. Cohn eine gesellschaftspolitische Dimension. Ihre Utopie war die einer humaneren Gesellschaft, zu der die Menschen gelangen können, wenn sie sich ihrer individuellen und sozialen Strukturen bewusstwerden und an einer Humanisierung dieser Strukturen arbeiten. In einer derartigen menschenwürdigen Weltordnung ist die Wiederholung einer politischen Katastrophe wie der des Nationalsozialismus denkbar schwieriger. Angesichts unserer globalen Krisensituation unterstreicht Ruth C. Cohn die Aktualität und die Wichtigkeit des gesellschaftspolitischen Anliegens: »Ich fühle mich heute (1989), in dieser Zeit, so wie ich mich 1932 in Deutschland fühlte, mit dem absoluten Bewusstsein: Wer nicht blind ist, sieht, was auf uns zukommt; und wenn wir jetzt nichts dagegen tun, wird es bald zu spät sein.«[25]

Das Gebot der Stunde: Widerstand leisten gegen »Zuvielisation«

Ruth C. Cohn[26]

Ruth C. Cohn hat mit der TZI ein genial einfaches und zeitloses pädagogisches Gruppenverfahren entwickelt, das sowohl Arbeitsgruppen als auch ökologischen und spirituellen Gruppen lebendiges Lernen ermöglicht. Sie hat ihr Leben lang Menschen ermutigt, das eigene Tun und Lassen zu verantworten, und zwar sowohl in privater als auch in gesellschaftlicher Hinsicht. In einem bemerkenswerten Gespräch zwischen Ruth C. Cohn und dem berühmten Kommunikationspsychologen Friedemann Schulz von Thun sagt dieser am Ende über Ruth C. Cohn: »Das konntest Du immer schon gut: unsere Selbstverhinderer zum Teufel schicken und uns zur Tat befreien.«[27]

Joanna Macy ist eine amerikanische Umweltaktivistin, Autorin und Wissenschaftlerin für Tiefenökologie, Systemtheorie und Buddhismus. Sie ist weltweit für viele Menschen eine inspirierende Frau, die auch mit über neunzig Jahren immer noch aktiv ist. Joanna Macy entwickelte ein Modell für persönlichen und gesellschaftlichen Wandel sowie einen Ansatz, wie dieses Modell in Gruppen vermittelt werden kann. Zunächst hat sie ihre Arbeit »Verzweiflungs- und Ermutigungsarbeit«[28], später dann Tiefenökologie bzw. »die Arbeit, die wiederverbindet« (»The Work that Reconnects«) genannt. Joanna Macy beschreibt ihre Arbeit als eine Spirale, die vier Entwicklungsphasen beinhaltet, die nacheinander erlebt werden. Da sind zunächst die *Dankbarkeit* und die innere Ausrichtung auf all die verschiedenen Aspekte im Leben, die uns stärken und ermutigen. Dankbarkeit ist eine erlernbare innere Haltung, die Fülle und Schönheit des Lebens von

Augenblick zu Augenblick wahrzunehmen. Das hat zur Folge, dass Menschen, die mit dankbaren Augen die Welt sehen, viel glücklicher sind als die Menschen, für die viele Dinge mehr oder weniger nicht beachtenswert oder selbstverständlich sind. Bei dem zweiten Entwicklungsschritt geht es darum, *unseren Schmerz um die Welt zu würdigen*. Es geht darum zu verstehen, was unsere Überlebensreaktion blockiert und warum wir so emotionslos die Zerstörung unserer Lebensgrundlagen hinnehmen: »Wenn wir als Art überleben wollen, müssen wir verstehen, wie es zur Blockierung unserer angemessenen Reaktion auf Gefahr kommt, und auch, wie wir das verhindern können. Was hält uns davon ab, den Rauch wahrzunehmen?«[29] *Mit neuen Augen sehen* ist die dritte Phase und zugleich der Wendepunkt in der Arbeit von Joanna Macy, weil Menschen die Erfahrung der wechselseitigen Abhängigkeit und Verbundenheit aller Dinge und Lebewesen machen können. Bei der vierten und letzten Entwicklungsphase geht es um das *Weitergehen und Handeln*. Es geht vor dem Hintergrund unserer Begabungen und Talente um die konkrete Tat. Für eine kraftvolle Tat braucht es eine klare und emotional berührende Vision, aus der wir dann zu unserer Inspiration, Motivation und Entschlossenheit finden. Darüber hinaus braucht es einen Kontext der direkten Begegnung mit Menschen, die unsere Vision teilen und die den Wunsch verspüren, neues Wissen zu erwerben, politische Aktionen durchzuführen und sich dabei wechselseitig unterstützen.

Joanna Macy begeistert die Menschen, in eine neue Beziehung zur Welt zu treten, und ermutigt, Teil des entstehenden Wandels zu werden. Mit ihrer Arbeit zeigt sie Wege aus der verbreiteten Apathie und lädt ein, den

Schmerz angesichts der globalen Krise zu fühlen und als gesunde Reaktion auf den Zustand unserer Welt zu betrachten. Erst durch diese Form der »Trauerarbeit« können die tiefen menschlichen Energien freigesetzt werden, die wir für den inneren und äußeren Wandel brauchen.

Martin Kämpchen: Weltweit leben 3,4 Milliarden Menschen unter der Armutsgrenze, wie aus einem 2018 von der Weltbank in Washington veröffentlichten Bericht hervorgeht. Zugleich engagieren sich viele Menschen und Organisationen in der Entwicklungshilfe, um diesen traurigen Zustand zu verändern. Am nachfolgenden Beispiel meines langjährigen Freundes Martin Kämpchen, einem deutschen Religionswissenschaftler, Autor und Journalist, will ich den Unterschied aufzeigen zwischen einer eher kurzfristigen und finanziell dominierten Hilfe und einer Langzeitbegleitung im direkten Austausch und auf Augenhöhe mit den Armen.

> Es gibt ganz wunderbare Beispiele von großartigen Menschen, die sich allen Widrigkeiten zum Trotz überall auf der Welt engagieren. Das sind die Helden unserer Zeit.
>
> *Michael von Brück*[30]

Martin Kämpchen[31] lebt seit 1973 in Indien und begleitet seit 1984 arme Menschen in den beiden Santal-Dörfern Ghosaldanga und Bishnubati in der Nähe von Shantiniketan[32]. In diesen beiden Stammesdörfern setzt er sich für eine den Menschen achtende *alternative Entwicklungszusammenarbeit* ein. Er versteht seine Hilfe zur Selbsthilfe »nicht als Einbahnstraße; sie muss auch uns als Helfende und Geber verändern. Das heißt, wir müssen bereit sein, auch von den Armen zu empfangen und anzunehmen. Deren Entwicklung soll auch unsere Entwicklung sein.« Martin Kämpchen geht es in seiner Arbeit in erster Linie um einen gemeinsamen Weg des Lernens mit den Armen und erst in zweiter Linie um finanzielle Unterstützung. Eine solche Begleitung der Armen war und ist nur möglich, indem er vor Ort ist und ein Leben in Einfachheit führt. In seinem Buch »*Leben ohne Armut*«[33] beschreibt er ausführlich und detailliert das Leben mit den Armen und zeigt, wie Entwicklungen aus der mentalen und materiellen Armut möglich werden können: »Wie wir inzwischen verstehen, ist »helfen« ein komplexes menschliches Abenteuer, zu dem man viel Zeit und Geduld, Einfühlung und Kenntnisse über die Situation der Armen braucht – und nicht nur Geld.«

Martin Kämpchen ist in all den Jahrzehnten eine gute Balance zwischen seinem umfangreichen schriftstellerischen Wirken und seiner ehrenamtlichen Dorfarbeit gelungen. Sein besonderes Verdienst sehe ich darin, dass er über ein einfaches Leben nicht nur schreibt, sondern es vorlebt. Zugleich ermutigt er die Menschen in den beiden Dörfern von Anfang an konsequent zur Selbstverantwortung und hat bereits vor 20 Jahren die komplette Verwaltung der Finanzen aus der Hand gegeben, so dass die Mitarbeiter:innen Eigenverantwortung entwickelt haben und unabhängig weiterarbeiten. Martin Kämpchen ist ihnen weiterhin als Freund und Mentor verbunden.

Heinrich Staudinger gilt als »Querdenker«, »zorniges Schlitzohr«, »widerborstiger Schuhproduzent« und »Wirtschaftsrebell«. Große Worte, doch was steckt dahinter? Nach seinem Schulbesuch fuhr der österreichische

Unternehmer Heinrich Staudinger mit dem Moped nach Tansania, war von den Begegnungen dort sehr berührt und verfolgte seitdem seine Vision von einer gerechteren Welt. Nachdem er sein Medizinstudium abgebrochen hatte, gründete er ein Schuhgeschäft in Wien und wurde Anfang der 1990er Jahre zum Mitbesitzer der abgewirtschafteten Schuhfabrik Waldviertler Schuhwerkstatt. Daraus entwickelte sich das Unternehmen GEA mit Direktversand, Werkverkauf und vielen Filialen in Deutschland, Österreich und der Schweiz. Außerdem gründete er eine Akademie mitten im Geschehen der Waldviertler Werkstätten mit den Schwerpunkten Handwerk, Gesundheit, Wirtschaft und Musik. Seine Zeitschrift *brennstoff* entstand in einer Sanierungssituation. Anstatt Arbeiter:innen seiner Schuhfabrik zu entlassen, verabschiedete er sich von seiner Werbeabteilung und entwickelte diese ungewöhnliche Werbezeitschrift, die über Nachhaltigkeitsthemen informiert, Gedichte und Zitate enthält sowie Anzeigen zu seinen Produkten. Heinrich Staudingers Anliegen ist es, die strukturschwache Region zu fördern. Er hat viele neue Arbeitsplätze geschaffen, bildet mehr als die Hälfte alle Schuhmacherauszubildenden in Österreich aus und zahlt sich selbst nur ein sehr bescheidenes Gehalt aus. Bekannt geworden ist der »populärste Rechtsbrecher Österreichs« durch eine Kreditverweigerung seiner Hausbank. Er sammelte daraufhin bei Freunden über drei Millionen Euro ein und zahlte diesen einmal im Jahr vier Prozent Zinsen. Die österreichische Finanzmarktaufsichtsbehörde war mit diesem Vorgehen nicht einverstanden, Heinrich

Mich interessiert das Kapital wenig und das Leben sehr.

Heinrich Staudinger

Staudinger machte dann lautstark auf sein Anliegen aufmerksam, kam vor Gericht und verlor den Prozess. Doch der »Fall Staudinger« machte ihn über die Landesgrenze hinaus bekannt, so dass sich sein Unternehmensumsatz in der Folge verdreifachte. Am Ende der ganzen Auseinandersetzung wurde ein neues Gesetz verabschiedet, durch das es jetzt viel einfacher ist, sich von Privatpersonen Geld zu leihen.

In diesen Zeiten des Wandels brauchen wir unkonventionelle, unbequeme und ungehorsame Menschen. Menschen wie Heinrich Staudinger, der auch ohne einen akademischen Abschluss mutig sein alternatives Unternehmen führt, dabei anders vorgeht als andere Unternehmer und dem das Gemeinwohl wichtiger ist als der Profit. Heinrich Staudinger überzeugt durch seine einfache Lebensweise, seinen mutigen Versuch, eine andere Vision von Wirtschaft zu verwirklichen und sein Engagement für Afrika. Einen lebendigen Eindruck in sein vielschichtiges Wirken gibt der Kinofilm »Das Leben ist keine Generalprobe«.

Helmut Lind ist Vorstandsvorsitzender der Sparda-Bank München eG und hat die Vision, seine Bank nach ethischen Grundsätzen zu führen. Als erste deutsche Bank hat die Sparda-Bank München 2011 eine Gemeinwohl-Bilanz vorgelegt, weitere drei Gemeinwohl-Bilanzen folgten. Die Idee dazu hat der österreichische Autor Christian Felber entwickelt und in seinem Buch »Gemeinwohl-Ökonomie«[34] vorgestellt. Die Sparda-Bank München verpflichtet sich damit, nicht nur das eigene Geschäftsinteresse zu verfolgen, sondern auch dem Gemeinwohl zu dienen. Die Gemeinwohl-Bilanz beleuchtet ergänzend zum Geschäftsbericht die unternehmerische Situation und Entwicklung anhand von 20 Gemeinwohl-Themen (Matrix 5.0), wie zum Beispiel demokratische Mitbestimmung oder soziale Gerechtigkeit, und umfasst dabei auch Lieferanten und Geldgeber.[35]

Ein Herzensanliegen von Helmut Lind ist die Entwicklung einer Unternehmenskultur der Achtsamkeit, bei der der Mensch im Vordergrund steht. Deshalb hat er die Voraussetzungen dafür geschaffen, dass das Stärkenkonzept[36] in der Sparda-Bank München eingeführt wurde und hat dabei auch selbst viele Seminare und Workshops für Mitarbeiter:innen und Führungskräfte durchgeführt. In diesem Ansatz der positiven Psychologie geht es darum, nicht mehr die Defizite der Mitarbeiter:innen zu beseitigen, sondern die Potentiale der Mitarbeiter:innen zu erkennen, wertzuschätzen und ein Umfeld zu schaffen, indem sich die Stärken entfalten können. Dass dies alles andere als selbstverständlich ist, hat eine Gallup-Umfrage herausgefunden. Nur 20 Prozent der Befragten konnten die Frage, ob sie an ihrem Arbeitsplatz die Gelegenheit haben, das zu tun, was sie am besten können, mit »Ja« beantworten. Entscheidend für den Erfolg dieses Stärkenkonzeptes sind die bewusste Auseinandersetzung mit den eigenen inneren Hindernissen, das Erkennen der eigenen Ängste und die mutige Beschäftigung mit dem eigenen Schatten.

Wir stehen am Sterbebett des Kapitalismus.

Helmut Lind

Helmut Lind strahlt Ruhe und Optimismus aus, und das war nicht immer so. Nach ersten Meditationserfahrungen nahm er die Welt mit anderen Augen wahr, interpretierte seine Position als Vorstandsvorsitzender neu und begann mit dem anspruchsvollen Veränderungsprozess im Unternehmen. Auch wenn heute der Wandel im ganzen Unternehmen fest verankert ist und die Bank laut Great Place to Work zu den besten Arbeitgebern Bayerns gehört – Helmut Lind gehen die Veränderungen noch nicht weit genug und sein Anliegen ist, den Bewusstseinswandel in seinem Institut lebendig zu halten und zu vertiefen und auch andere Banken zu ermutigen, nach ethischen Grundsätzen zu handeln.

Die von mir vorgestellten sechs Persönlichkeiten zeigen auf unterschiedliche Weise, wie ein persönliches Engagement aussehen kann und wie auch der einzelne Mensch viel mehr auf den Weg bringen kann als meist gedacht. Auch wenn die *Leitfiguren des Wandels* jetzt bekannt sind, so haben auch diese Menschen zunächst im Verborgenen angefangen und sind viele Jahre unbemerkt von der Öffentlichkeit ihrer Arbeit nachgegangen. Ruth C. Cohn hat in ihrer prägnanten Art sich wie folgt dazu geäußert: »Ich bin nicht allmächtig, ich bin nicht ohnmächtig, ich bin partiell mächtig.«[37] Zu dieser partiellen Mächtigkeit ermutigen diese Leitfiguren des Wandels, und zugleich haben alle diese Menschen natürlich auch ihre Schattenseiten, ihre Ecken, Kanten, Ambivalenzen und Widersprüchlichkeiten, so wie wir alle! Der Unterschied besteht darin, dass sie sich inmitten ihrer ganzen Menschlichkeit mutig auf den Weg gemacht haben, sich mit dem Bestehenden nicht zufriedengegeben haben und in dieser gefährdeten Welt etwas zum Besseren hinbewegen. Für ein solches Engagement braucht es innere Klarheit, die für mich Albert Schweitzer in bemerkenswerter Weise zum Ausdruck gebracht hat: »Auf die Frage, ob ich pessimistisch oder optimistisch sei, antworte ich, dass mein Erkennen pessimistisch und mein Wollen und Hoffen optimistisch ist«.

Orientierung durch eine säkulare Ethik

Und mit Albert Schweizer geht es jetzt auch weiter, denn wir brauchen angesichts der globalen Krise eine grundlegende Änderung unserer Werte. Bereits vor hundert Jahren hat Albert Schweitzer seine *Ethik der Ehrfurcht vor dem Leben* in Straßburg vorgestellt. Seine säkulare Ethik stellt nicht den Menschen in den Mittelpunkt seiner Überlegungen, sondern das Leben:

»Ich bin Leben, das leben will,
inmitten von Leben, das leben will.«

Oder anders ausgedrückt: *Die Würde des Lebens ist unantastbar, denn alles Leben ist wertvoll, kostbar und heilig.* Diese wenigen Worte, die keine Wertunterschiede im Leben machen, geben eine grundlegende Orientierung und respektieren zugleich die Freiheit des Menschen: »Der Respekt Schweitzers vor der Entscheidungsfreiheit des mündigen Menschen ist so groß, dass er nicht der Gefahr erliegt, ein allgemeines und Verbindlichkeit reklamierendes Normen- und Regelwerk zu konstruieren. Jeder Mensch soll das, was ihn ins Handeln führt, als Maßstab und Anstoß in sich selbst finden. Liebe, Empathie, Mitfreude und Mitleid sind dabei die dem Ethischen zugrunde liegenden Ausgangsenergien.«[38] Und ganz ähnlich hat es Aurelio Augustinus bereits im 5. Jahrhundert formuliert: *Liebe, und dann tue was du willst.*

Eine Änderung unseres Lebensstils setzt eine Veränderung unseres Denkens und unserer Werte voraus. Auf dieser Basis kann ein tiefgreifender Wandel in unseren Herzen geschehen, der dann auch im konkreten Handeln seinen Ausdruck findet. Genau darum geht es in der 2000 in Den Haag unterzeichneten *Erd-Charta,* die eine Deklaration grundlegender ethischer Prinzipien für eine nachhaltige Entwicklung im globalen Maßstab darstellt. Nie zuvor haben so viele Menschen an der Ausarbeitung einer internationalen Erklärung zusammengearbeitet. Als grundlegende Ethik für eine nachhaltige Entwicklung stellt sie eine Art Lebensrechtserklärung des 21. Jahrhunderts dar, um unter anderem die drohende ökologische Katastrophe abzuwenden.[39]

In der Erd-Charta wurden in einem mehr als zehnjährigen Prozess sechszehn Grundsätze für einen nachhaltigen Lebensstil formuliert:

1. Achtung haben vor der Erde und dem Leben in seiner ganzen Vielfalt.
2. Für die Gemeinschaft des Lebens in Verständnis, Mitgefühl und Liebe sorgen.
3. Gerechte, partizipatorische, nachhaltige und friedliche demokratische Gesellschaften aufbauen.
4. Die Fülle und Schönheit der Erde für heutige und zukünftige Generationen sichern.

5. Die Ganzheit der Ökosysteme der Erde schützen und wiederherstellen, vor allem die biologische Vielfalt und die natürlichen Prozesse, die das Leben erhalten.
6. Schäden vermeiden, bevor sie entstehen, ist die beste Umweltpolitik. Bei begrenztem Wissen gilt es, das Vorsorgeprinzip anzuwenden.
7. Produktion, Konsum und Reproduktion so gestalten, dass sie die Erneuerungskräfte der Erde, die Menschenrechte und das Gemeinwohl sichern.
8. Das Studium ökologischer Nachhaltigkeit vorantreiben und den offenen Austausch der erworbenen Erkenntnisse und deren weltweite Anwendung fördern.
9. Armut beseitigen als ethisches, soziales und ökologisches Gebot.
10. Sicherstellen, dass wirtschaftliche Tätigkeiten und Einrichtungen auf allen Ebenen die gerechte und nachhaltige Entwicklung voranbringen.
11. Die Gleichberechtigung der Geschlechter als Voraussetzung für nachhaltige Entwicklung bejahen und den universellen Zugang zu Bildung, Gesundheitswesen und Wirtschaftsmöglichkeiten gewährleisten.
12. Am Recht aller – ohne Ausnahme – auf eine natürliche und soziale Umwelt festhalten, welche Menschenwürde, körperliche Gesundheit und spirituelles Wohlergehen unterstützt. Besondere Aufmerksamkeit gilt dabei den Rechten von indigenen Völkern und Minderheiten.
13. Demokratische Einrichtungen auf allen Ebenen stärken, für Transparenz und Rechenschaftspflicht bei der Ausübung von Macht sorgen, einschließlich Mitbestimmung und rechtlichem Gehör.

14. In die formale Bildung und in das lebenslange Lernen das Wissen, die Werte und Fähigkeiten integrieren, die für eine nachhaltige Lebensweise nötig sind.
15. Alle Lebewesen rücksichtsvoll und mit Achtung behandeln.
16. Eine Kultur der Toleranz, der Gewaltlosigkeit und des Friedens fördern.[40]

Lasst uns unsere Zeit so gestalten,
dass man sich an sie erinnern wird,
als eine Zeit, in der eine neue
Ehrfurcht vor dem Leben erwachte,
als eine Zeit, in der nachhaltige
Entwicklung entschlossen auf den
Weg gebracht wurde, als eine Zeit,
in der das Streben nach Gerechtigkeit
und Frieden neuen Auftrieb bekam
und als eine Zeit der freudigen Feier
des Lebens.

Die Erd-Charta

Um viele Menschen für die Verwirklichung der Erd-Charta zu gewinnen, spielt die Bildungsarbeit eine zentrale Rolle. Ein tiefgreifender Wandel kann nur gelingen, wenn die Herausbildung ethisch fundierter Entscheidungs- und Handlungsgrundlagen im kontinuierlichen Dialog mit den Menschen auf allen gesellschaftlichen Ebenen gelingt und das Thema einer Ethik für nachhaltige Entwicklung selbstverständlicher Bestandteil der Lehrpläne in allen Schulen, Universitäten sowie Aus- und Weiterbildungszentren wird.

Aufbruch aus der Stille

Die *Stille* ist ein offener Raum in uns jenseits des Denkens – ein Raum der Weite und Tiefe, in dem Neues geboren wird. Wenn die Gedanken allmählich zur Ruhe kommen, wird der Geist absichtsloser und die Wahrscheinlichkeit ist groß, dass uns kreative Antworten zufallen. »Ich habe die wichtigsten Entscheidungen für mein Leben, für meine Ehe und für meine Arbeit in der Stille getroffen. Aber nicht, indem ich sie getroffen hätte. Sondern eher in dem Sinne, dass ich in meinem Inneren auf sie getroffen bin. Ich konnte in solchen Momenten spüren, wie mir alles einfach zufloss. Und ich ahnte anschließend, wie unbedeutend es ist, wie viele großartige Erlebnisse und Erfolge jemand vorweisen kann und wie viel Arbeit jemand leistet – nichts davon kann so glücklich machen, wie die innere Fülle, die einem zufließt, wenn man ganz in der Stille, ganz im Moment und ganz bei sich ankommt.«[41] Auch wenn die Stille etwas sehr Einfaches ist, so scheuen doch viele Menschen die Stille wie der Teufel das Weihwasser. Warum? Weil wir in der Stille auf uns selbst zurückgeworfen sind, und das kann sich am Anfang sehr ungemütlich anfühlen. Die meisten Menschen wissen gar nicht, wie unbewusst und ruhelos sie sind und haben sich angewöhnt, sich ständig abzulenken oder zu betäuben, um auf diese Weise das Unwohlsein »in den Griff« zu bekommen. Doch die Lösung liegt nicht im Außen, nicht im Tun und Machen, sondern in uns und in dem Mut, sich auf das Abenteuer der Stille einzulassen. Und daher gab Mutter Teresa aus Kalkutta auf die Frage: *Wie ist es möglich, sich zu verändern?* die einfache Antwort: *»Beginn mit Schweigen.«*[42] Doch wie mit dem Schweigen und der Stille beginnen? Die Antwort ist ganz einfach. Indem wir Achtsamkeit trainieren, so wie wir vielleicht auch unseren Körper bereits trainieren und fit halten. Und indem wir unseren Geist trainieren und immer wieder neu die Stille in unserem Leben kultivieren, wird unsere mentale Stärke zunehmen, und die Praxis der Achtsamkeit wird in unserem Alltag allmählich zu etwas so Selbstverständlichem wie das Zähneputzen. Und was ist Achtsamkeit?

Zwischen Reiz und Reaktion gibt es einen Raum. In diesem Raum hat der Mensch die Freiheit und die Fähigkeit, seine Reaktion zu wählen. In diesen Entscheidungen liegen unser Wachstum und unser Glück.

Viktor Frankl

»Achtsamkeit bedeutet auf eine bestimmte Art aufmerksam zu sein: bewusst, im gegenwärtigen Augenblick und ohne zu urteilen«[43], so die Definition des weltweit bekannten Achtsamkeitspioniers Jon Kabat-Zinn. Bei der Praxis der Achtsamkeit geht es darum, die Aufmerksamkeit auf den gegenwärtigen Moment zu bringen und die innere und äußere Wirklichkeit direkt wahrzunehmen, ohne sie zu bewerten. Es ist das offene, neugierige und nicht-wertende Gewahrsein all dessen, was gerade ist, sei es angenehm, unangenehm oder neutral. Durch die Anwendung der Achtsamkeit auch in Situationen, die mit Stress, Schmerz und unangenehmen Gefühlen verbunden sind, hört der Geist auf, automatisch gegen alle Unannehmlichkeiten anzukämpfen, wird ruhiger und gelassener und gewinnt eine neue Perspektive. So kommen nicht nur die Dinge in den Blick, die schwierig und schmerzhaft sind, sondern wieder auch die vielen Dinge, die in Ordnung sind. Achtsamkeit gewinnen heißt, in jedem Augenblick des Lebens voll da zu sein und den Herausforderungen des Alltags freundlich,

humorvoll und engagiert zu begegnen. Darüber hinaus lernen Menschen in einem Achtsamkeitstraining Impulskontrolle bzw. Reaktionsflexibilität, anstatt unbewusst aus dem Autopiloten heraus zu reagieren.

Die Praxis der Achtsamkeit ermöglicht es, in einer herausfordernden Situation innezuhalten, wahrzunehmen, was im Innern gerade geschieht, sich der Wahlfreiheit und Handlungsoptionen bewusst zu werden, um dann so angemessen wie möglich zu entscheiden. Durch das Innehalten und die Bewusstheit über die eigenen Gedanken, Gefühle und Körperempfindungen *vor* einer Entscheidung, ist es möglich, angemessener anstatt aktionistisch zu handeln.

Bei der Schulung der Achtsamkeit geht es immer sowohl um die Schulung des Geistes (Mindfulness) als auch um die Schulung des Herzens (Heartfulness). Während es bei *Mindfulness* um Wachheit und Klarheit geht, geht es bei *Heartfulness* um Empathie und Herzensverbundenheit. Beide Aspekte sind für eine Achtsamkeitspraxis in einer gefährdeten Welt wesentlich.

> Meditation heißt, dass wir unser Herz und unseren Geist kultivieren.
> *Jon Kabat-Zinn*

Wir brauchen *Klarheit* über unseren eigenen Geisteszustand, ein Erkennen, wie stark sich unser beruflicher Alltag in den vergangenen dreißig Jahren verändert hat, in welcher tiefen Krise unsere Zivilisation steckt und die Einsicht, dass für ein Überleben der Menschheit ein grundlegender Wandel notwendig ist.

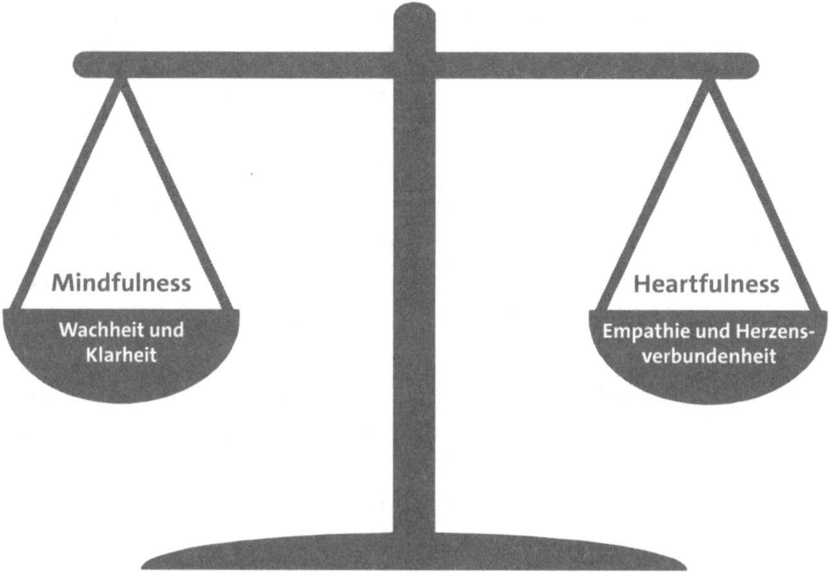

Und wir brauchen *Empathie* für unsere eigene Unvollkommenheit, unsere Unsicherheiten und Ängste sowie für unsere Verzweiflung, den Schmerz und das Ohnmachtsgefühl angesichts des Zustandes unserer Welt. Durch die Bereitschaft, das Unerträgliche fühlen zu wollen, entsteht ein tiefes Verbundensein mit uns selbst und zugleich auch ein Verbundensein mit den Menschen und mit der ganzen Schöpfung.[44]

Auf weitere Aspekte eines Achtsamkeitstrainings gilt es noch hinzuweisen:

1. Achtsamkeit, wie ich es in der Tradition von Jon Kabat-Zinn vermittle, ist ein weltanschaulich-neutrales Training für *alle* Menschen, unabhängig von ihrer religiösen oder weltanschaulichen Ausrichtung.
2. Das Anliegen eines Achtsamkeitstrainings ist die Mobilisierung der inneren Ressourcen, die *jeder* Mensch hat. Alles, was wir brauchen, ist bereits da, doch die meisten Menschen haben wenig Zugang zu ihren Ressourcen, daher benötigen sie die Zeit, den Raum und die Impulse eines Achtsamkeitstrainings, damit sich das vorhandene Potential entfalten kann.
3. Die Teilnehmenden erlernen ein breites Methodenspektrum in Form von neun verschiedenen achtsamkeitsbasierten Übungen. Im Vordergrund des Trainings stehen das gemeinsame Einüben der verschiedenen Achtsamkeitsmeditationen, die Vertiefung der Übungspraxis zuhause, das gemeinsame Reflektieren der damit gemachten Erfahrungen sowie kognitive Impulse zum Nachdenken und Fragen zur Selbsterforschung.
4. Achtsamkeit ist keine neue Technik, sondern eine innere Haltung, die wir unser Leben lang kultivieren. Dabei geht es neben dem Anfänger-Geist und der Akzeptanz[46] auch um die *Einfachheit*[47] als Schlüssel zur Entdeckung des Wesentlichen, um den *Humor*[48], als Fähigkeit, über sich selbst lachen zu können, und um den *Ungehorsam*[49], um den Mut, Nein zu sagen, wenn beispielsweise das Recht das Unrecht schützt.

Meditation lässt die Grenzen, die der Mensch gewöhnlich zwischen sich selbst und seiner Umgebung wahrnimmt, durchlässiger werden und verbindet das Individuum mit dem, was im Außen geschieht.

Paul Kohtes, Nadja Rosmann[45]

Ermutigung zum Ungehorsam

1. Alles könnte anders sein.
2. Es hängt ausschließlich von Ihnen ab, ob sich etwas verändert.
3. Nehmen Sie sich deshalb ernst.
4. Hören Sie auf, einverstanden zu sein.
5. Leisten Sie Widerstand, sobald sie nicht einverstanden sind.
6. Sie haben jede Menge Handlungsspielräume.
7. Erweitern Sie Ihre Handlungsspielräume dort, wo Sie sind und Einfluss haben.
8. Schließen Sie Bündnisse.
9. Rechnen Sie mit Rückschlägen, vor allem solchen, die von Ihnen selbst ausgehen.
10. Sie haben keine Verantwortung für die Welt.
11. Wie Ihr Widerstand aussieht, hängt von Ihren Möglichkeiten ab.
12. Und von dem, was Ihnen Spaß macht.[50]

Ziviler Ungehorsam muss sich durch
gänzliche Gewaltlosigkeit auszeichnen,
denn er steht auf dem Grundsatz,
den Gegner durch Leiden und durch
Liebe zu gewinnen.

Mahatma Gandhi

5. Achtsamkeit ist *kein* Selbstoptimierungsprogramm, um in einer kranken Gesellschaft noch effektiver zu handeln und noch mehr zu leisten. In der Praxis der Achtsamkeit geht es nicht um ein noch schnelleres Laufen im Hamsterrad des Lebens, sondern um *das Aufwachen aus der Trance der Unbewusstheit und um innere Freiheit*. Neben vielen gewünschten Wirkungen kann die Achtsamkeitspraxis auch zur Folge haben, dass wir uns im Alltag gegenüber unseren Mitmenschen weniger angepasst verhalten und konfliktfähiger werden.
6. Achtsamkeit fördert die Dimension des Seins und lädt ein, bewusstes Nicht-Tun zuzulassen und zu kultivieren. Der in unserer Gesellschaft vorherrschende »Tun-Modus« wird durch den vernachlässigten »Nicht-Tun-Modus« – auch »Sein-Modus« genannt – in Balance gebracht. Achtsamkeit erinnert uns auch daran, dass es am Ende unseres Lebens nicht um die Frage geht, was wir gekauft, besessen und konsumiert haben. Vielmehr geht es vor allem um die Frage, *wie viel wir geliebt, gelebt und losgelassen haben*. Oder anders ausgedrückt: Wenn wir glücklich sein wollen, dann geht es nicht um Quantität, sondern um Qualität, nicht um das Haben, sondern um das Sein und diese Sein-Orientierung bietet die Möglichkeit zu einer Transformation für den Einzelnen und für die Gesellschaft.

TAO-Selbsterforschung

Sie haben nun das erste Kapitel mit dem Titel »Ermutigung zum Wandel« gelesen. Vielleicht wollen Sie sich jetzt die Zeit nehmen, um die nachfolgenden Fragen zu beantworten:

- Welcher Aspekt ist mir aus diesem Kapitel wichtig geworden?
- Was fällt mir zum individuellen Wandel ein?
- Was fällt mir zum beruflichen Wandel ein?
- Was fällt mir zum globalen Wandel ein?
- Welche Werte sind für mich im Alltag handlungsleitend?
- Welche Bedeutung hat die Stille in meinem Leben?

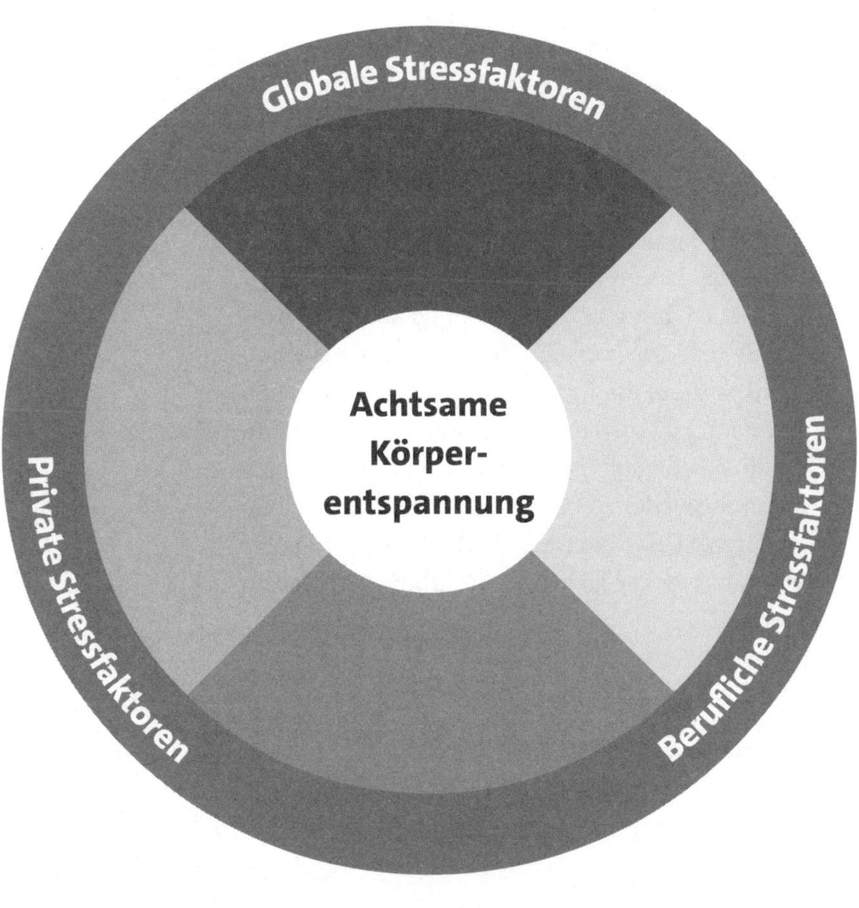
Globale Stressfaktoren
Achtsame
Körper-
entspannung
Private Stressfaktoren
Berufliche Stressfaktoren

TAO-Übung 2:

Achtsame Körperentspannung

Nehmen Sie sich jetzt Zeit für *achtsame Körperentspannung*. Hören Sie auf der beiliegenden CD 1 die TAO-Übung 2. Sie sind eingeladen, Schritt für Schritt die verschiedenen Körperregionen anzuspannen, die Spannung bewusst zu erleben und dann zu entspannen. Dabei ist es förderlich, alle Erfahrungen in der achtsamen Körperentspannung weder zu bewerten noch zu beurteilen, sondern alles willkommen zu heißen, was Sie erleben. Lassen Sie sich Zeit, die Übung in Ruhe zu beenden.

II.
Einübung der TAO-Praxis

Probleme kann man niemals
mit derselben Denkweise lösen,
durch die sie entstanden sind.
Albert Einstein

Nach den verschiedenen Vorüberlegungen stelle ich nun das von mir entwickelte *Training Achtsamkeit in Organisationen (TAO)* vor. Dieses Training ist ein professionelles, höchst wirkungsvolles und weltanschaulich neutrales Verfahren zur Bewusstseinsentwicklung und will Menschen zur Tat befreien angesichts der individuellen und kollektiven Herausforderungen. Die Teilnehmenden dieses Trainings werden Schritt für Schritt angeleitet, mehr Bewusstheit in ihr Leben zu bringen und lernen zugleich, dem Stress dort entgegenzuwirken, wo er oftmals entsteht. Das TAO mobilisiert die inneren Ressourcen der Teilnehmenden und unterstützt sie darin, ihre Balance in eigener Verantwortung aufrecht zu erhalten. Sie erleben, wie sie kreativer mit den privaten, beruflichen und gesellschaftlichen Stressfaktoren umgehen können. Durch die räumliche und zeitliche Integration des Trainings in das Arbeitsumfeld erfahren die Teilnehmenden, dass Stress bisweilen nicht vermeidbar ist, aber auch, dass es konstruktive Wege gibt, mit ihm umzugehen. Die Folgen sind sowohl mehr Energie und größere Arbeitszufriedenheit als auch die Fähigkeit, Aufgaben mit mehr Klarheit, Ruhe und Effektivität auszuführen. Nachhaltige Veränderungen entstehen meist *nicht* durch ein einmaliges Achtsamkeitstraining. Daher besteht TAO aus vier aufeinander aufbauenden Trainingsmodulen. Jedes Trainingsmodul hat acht Sequenzen und einen wöchentlichen Umfang von 60–90 Minuten.

Außerdem kann jedes Trainingsmodul auch in einem dreitägigen Kompaktkurs durchgeführt werden, wenn ein kontinuierliches Training nicht umgesetzt werden kann.

Im ersten Trainingsmodul *Achtsame Persönlichkeitsentwicklung* geht es um einen intensiven Prozess der Selbsterforschung. Der Achtsamkeitspionier Jon Kabat-Zinn macht uns darauf aufmerksam, dass wir *»mit unseren Handys und elektronischen Organizern inzwischen in der Lage sind, mit allem und jedem jederzeit in Kontakt zu treten. In diesem Prozess laufen wir Gefahr, niemals in Kontakt mit uns selbst zu sein«*. Die Teilnehmenden werden in diesem Modul dazu angeleitet, mit sich selbst tiefer in Kontakt zu kommen. Sie erhalten eine Einführung in die Praxis der Achtsamkeit, erleben neben dem achtsamen Innehalten vier alltagstaugliche fünfzehnminütige Achtsamkeitsübungen (achtsame Entspannung, achtsame Körperwahrnehmung, achtsame Körperbewegungen, achtsames Sitzen) und verpflichten sich, einmal am Tag für eine Viertelstunde am Arbeitsplatz oder zuhause zu meditieren. Darüber hinaus erhalten sie in jeder wöchentlichen Trainingssequenz von mindestens 60 Minuten einen kognitiven Impuls zu verschiedenen grundlegenden Themen des menschlichen Daseins (z. B. Dankbarkeit, Selbstverantwortung) und verschiedene Fragen zur Selbstreflexion, um eine persönliche Standortbestimmung vorzunehmen.

Im zweiten Schritt, dem Trainingsmodul *Achtsame Kommunikationsentwicklung,* geht es vom Ich zum Du. Das Ziel des Trainings ist es, aufrichtig, achtsam und einfühlsam miteinander sprechen zu lernen. Dabei sind wesentliche Elemente eine positive Motivation, die Gleichwertigkeit der Bedürfnisse, Selbstkompetenz für unser inneres Erleben und Selbstverantwortung für unser Denken und Handeln. Die Aufmerksamkeit wird – inspiriert vom Modell der gewaltfreien Kommunikation – auf vier Aspekte gerichtet: (1) Beobachten, ohne zu bewerten, (2) Gefühle wahrnehmen und ausdrücken, (3) Verantwortung für unsere Gefühle und Bedürfnisse übernehmen und (4) um das bitten, was unser Leben bereichert. Ein besonderer Schwerpunkt in diesem Training wird auf den konstruktiven Umgang mit Gefühlen in Konfliktsituationen gelegt, *»denn was andere sagen oder tun, mag ein Auslöser für unsere Gefühle sein, ist aber nie ihre Ursache«*, so Marshall Rosenberg.

Im dritten Schritt geht es um unser Verständnis von Führung. Das Trainingsmodul *Achtsame Führungskräfteentwicklung* will zeitloses Wissen zum Thema »sich und andere führen« vermitteln. Führungskräfte werden heutzutage immer noch gar nicht oder in nicht ausreichender Weise auf diese anspruchsvolle Aufgabe vorbereitet. *»Empathie und Klarheit sind«* – so Torsten Schrör – *»die beiden entscheidenden Kernkompetenzen für moderne Führungskräfte, um eine stabile und zielorientierte Beziehung zu ihren Mitarbeitern, aber auch Kollegen und Vorgesetzten zu etablieren«*. Darüber hinaus geht es um Themen, die alle jenseits der aktuellen Modewellen liegen: Motivation und Demotivation, Proaktivsein, Vertrauen, Konsequenz, Präsenz im Hier und Jetzt, Dialogpflege und Humor.

Das vierte und letzte Trainingsmodul behandelt die *Achtsame Organisationsentwicklung*. Damit eine Transformation in Organisationen und in der Gesellschaft geschieht, braucht es nicht nur Veränderungen auf der Ebene des individuellen Verhaltens, sondern auch auf der Ebene der Verhältnisse. Entscheidend dafür ist, die Schatten der leistungsorientierten Weltsicht zu erkennen: *»Die moderne Weltsicht ist durch und durch materialistisch – es gibt nichts jenseits des Sichtbaren und Greifbaren –, und unsere Sehnsucht nach Sinn, nach der Verbundenheit mit etwas Größerem als uns selbst, findet keine Resonanz«*, sagt Frederic Laloux, ein bekannter Vordenker der weltweiten New-Work-Bewegung. Vor dem Hintergrund der globalen Krise stellt sich die Frage, welchen heilsamen Beitrag die Organisation für den Transformationsprozess bereits leistet und wie dieser Beitrag noch gesteigert werden kann.

Der Rahmen um diese vier Trainingsmodule sind die drei Herausforderungen unsere Zeit: *die persönlichen, beruflichen und globalen Stressfaktoren*.

Im Mittelpunkt der TAO-Graphik steht die *Stille*. Durch einen Perspektivwechsel[51] vom Tun zur Stille erwachsen innere Ruhe, Klarheit und Mitgefühl sowie kreative Antworten; daher ist es bereits für viele Menschen zu einer Gewohnheit geworden, sich jeden Tag eine Zeit der Stille zu schenken und auch im beruflichen Alltag immer wieder innezuhalten, allein oder vor einem Gespräch oder Meeting.

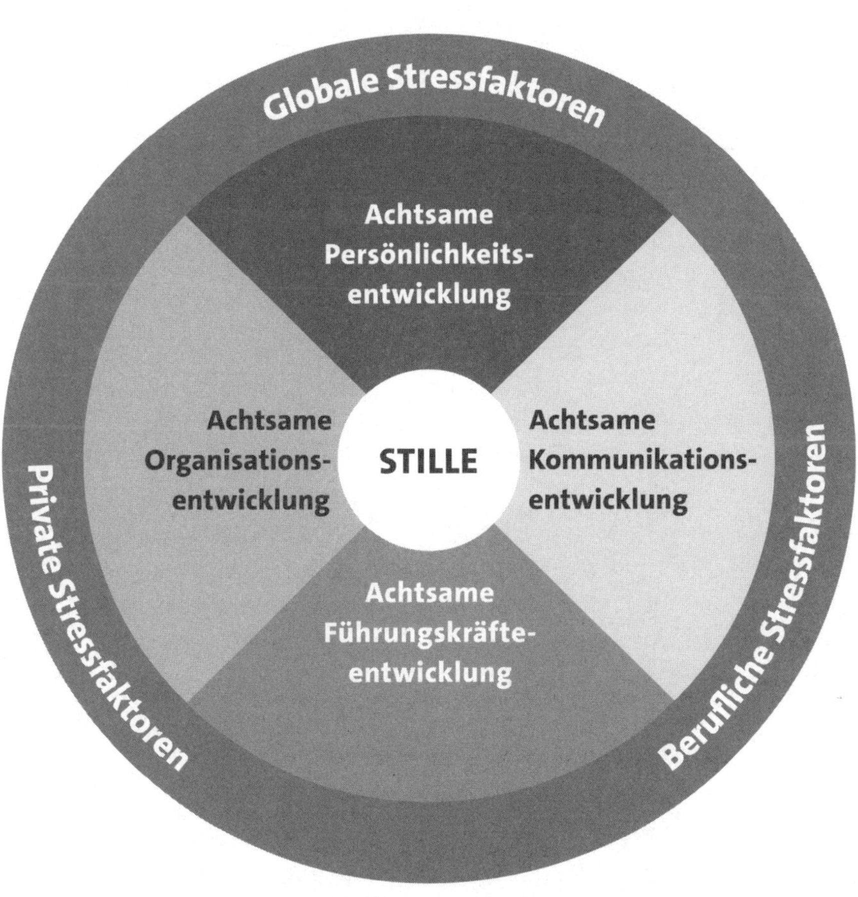
Globale Stressfaktoren
Achtsame Persönlichkeits-entwicklung
Achtsame Organisations-entwicklung
STILLE
Achtsame Kommunikations-entwicklung
Achtsame Führungskräfte-entwicklung
Private Stressfaktoren
Berufliche Stressfaktoren

Modul 1: Achtsame Persönlichkeitsentwicklung

Die größte Entscheidung deines Lebens liegt darin,
dass du dein Leben ändern kannst, indem
du deine Geisteshaltung änderst.
Albert Schweitzer

Das Training *Achtsame Persönlichkeitsentwicklung* ist ein säkulares Achtsamkeitstraining, um die eigene Einstellung wahrzunehmen und zu verändern. Es wurde von mir auf dem Hintergrund von MBSR[52] speziell für den beruflichen Alltag bereits 2012 entwickelt und wird von über 150 Trainer:innen durchgeführt. Das standardisierte Curriculum umfasst eine Informationsveranstaltung, acht Treffen im Abstand von einer Woche in einer festen Gruppe sowie eine anschließende Reflexionsveranstaltung.

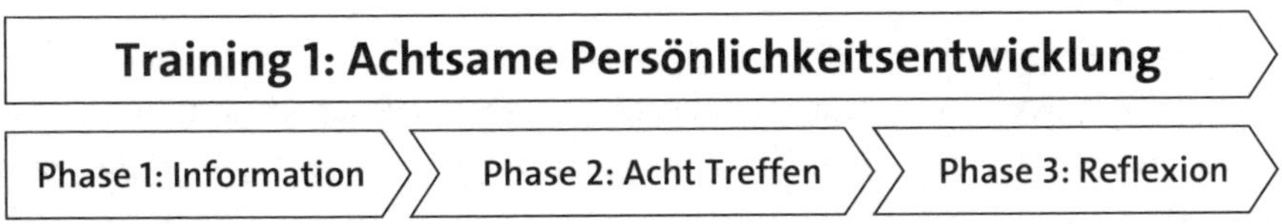

Informationsveranstaltung

Die tägliche Meditationssitzung
ist Ihr ganz privates Forschungslabor.
Jon Kabat-Zinn

Das erste, achtwöchige Modul *Achtsame Persönlichkeitswicklung* beginnt immer mit einer Informationsveranstaltung, in der erklärt wird, was die Intention und die verschiedenen Aspekte des Trainings sind. Ablauf, Dauer und Inhalte werden vorgestellt, eine erste praktische Erfahrung mit einer Achtsamkeitsübung wird gemacht und alle offenen Fragen werden geklärt, damit am Ende der Informationsveranstaltung die potentiellen Teilnehmenden eine klare Entscheidung für oder gegen das Training fällen können. In dieser Einheit wird auch die TAO-Graphik (vgl. S. 87) erläutert, damit allen klar ist, in welchem Gesamtzusammenhang das erste Achtsamkeitstraining steht.

Die Inhalte des Achtsamkeitstrainings sind die Einübung von fünf Achtsamkeitsübungen (achtsames Innehalten, achtsame Entspannung, achtsame Körperwahrnehmung, achtsame Körperbewegungen und achtsames Sitzen), das Lesen der acht thematischen Impulse sowie die schriftliche Beantwortung der Reflexionsfragen in diesem Arbeitsbuch.

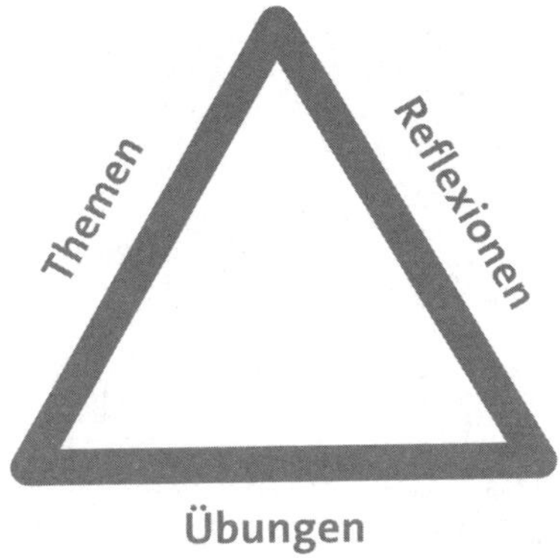

Die *Herausforderung des Trainings* besteht darin, sich täglich mindestens fünfzehn Minuten Zeit für die jeweilige Achtsamkeitsübung zu nehmen und mindestens dreimal am Tag die Arbeit für ein kurzes »achtsames Innehalten« zu unterbrechen. Hervorzuheben ist in dieser Informationsveranstaltung auch die *Freiwilligkeit* der Teilnahme an diesem Training, die kontinuierliche Anwesenheit, die Verschwiegenheit und der Hinweis, dass es während des Achtsamkeitstrainings die Möglichkeit zum Austausch gibt, jedoch keinen Redezwang. Neben den verschiedenen Wirkungen von Achtsamkeit weisen die Trainer:innen auch darauf hin, dass diese innere Forschungsreise mitunter nicht leicht ist, es herausfordernd und zunächst ungewohnt sein kann, sich täglich Zeit für sich selbst zu nehmen und es daher für diese Form der achtsamen Persönlichkeitsentwicklung Entschlossenheit und Geduld braucht.

Die Magie der Dankbarkeit entdecken

Nicht die Glücklichen sind dankbar.
Es sind die Dankbaren, die glücklich sind.
Francis Bacon

Vor neun Jahren habe ich geerbt. Meine Großmutter starb mit 95 Jahren. Materiell hat sie mir nichts hinterlassen, doch habe ich durch Ihr Leben etwas anderes, viel Wichtigeres »geerbt«: ihre dankbare Lebenseinstellung. Ich bin noch heute darüber berührt, wie meine Oma, selbst als sie bettlägerig war, mit Dankbarkeit sehen konnte, was noch da war: genug zu essen, ein warmes Zimmer, Menschen, die sich um sie liebevoll kümmerten, den Baum, den sie aus ihrem Bett sehen konnte, und die Freude am Besuch von lieben Menschen. So ist mein Bedürfnis gewachsen, noch viel mehr Dankbarkeit in mein Leben zu bringen.

Eine dankbare Einstellung zu entwickeln, ist das größte Geschenk, was wir uns selbst machen können, denn Dankbarkeit zu erleben heißt, den Reichtum unseres Daseins wahrzunehmen und in der Fülle des Lebens zu sein. So selbstverständlich dieser Satz klingt, so ist er leider in unserem Alltag alles andere als eine gelebte Haltung, weil viel zu viele Menschen es sich angewöhnt haben, auf all das zu schauen, was fehlt, problematisch oder negativ ist und all das übersehen, was positiv ist, auch wenn das Leben vielleicht gerade nicht ganz einfach ist. Menschen hingegen, die die Schönheit des Lebens bewusst und mit einem dankbaren Herzen erleben, sind viel glücklicher, strahlen eine positive Energie aus und ziehen zugleich mit ihrer Freude angenehme Menschen an. Jeder neue Tag lädt uns ein, die Magie der Dankbarkeit zu erleben und zu kultivieren:

Dankbarkeit am Morgen: Beschenken Sie sich direkt nach dem Aufwachen und werden Sie sich bewusst, dass das Leben ein Geschenk ist und dass Sie auch heute Morgen wieder atmen. *Das Wichtigste ist bereits geschehen!* Und vielleicht erinnern Sie sich in diesem Moment auch daran, was Sie sonst noch dankbar stimmt und erhöhen auf diese Weise ganz nebenbei Ihr Selbstwertgefühl.

Dankbarkeitstagebuch: Schreiben Sie ab sofort alle Dinge auf, für die Sie in ihrem Leben dankbar sind. Viele Menschen haben die beglückende Erfahrung gemacht, ein Dankbarkeitstagebuch zu führen. Notieren Sie alles, für das Sie dankbar sind, auch all die Dinge, die in ihrem Leben vielleicht selbstverständlich sind: Ihre Eltern, Familie, Freund:innen und Kolleg:innen, die Tiere und Pflanzen, die heiße Dusche, die regelmäßigen Mahlzeiten, Ihre Arbeit, die Strom- und Wasserversorgung, die Gesundheit und gesundheitliche Grundversorgung, unsere Demokratie und Religionsfreiheit, den Umstand, dass wir in Friedenszeiten leben und vieles andere mehr. Und sicher gab es auch Herausforderungen und Schwierigkeiten in Ihrem Leben, an denen Sie gewachsen sind, für die Sie jetzt dankbar sind. Paulo

Coelho schreibt: *»Ich danke allen, die mich abgeschrieben haben. Sie haben meinen Mut geweckt. Ich danke allen, die mich verlassen haben. Sie haben mir Raum gegeben für Neues. Ich danke allen, die mich verraten haben. Sie haben mich wachsam werden lassen. Vor allem danke ich all jenen, die mich lieben, so wie ich bin. Sie geben mir Kraft zum Leben!«*

Dankeschön sagen: Ich lade Sie ein, Dankbarkeitsbriefe zu schreiben. Schreiben Sie beispielsweise Ihren Eltern einen Brief und bedanken Sie sich, dass sie Ihnen Ihr Leben geschenkt haben und auch über all das, was Sie an Ihren Eltern schätzen und von ihnen gelernt haben. In gleicher Weise können Sie sich auch bei Ihren Kindern bedanken. Und vielleicht sind Sie schon länger mit einer Partnerin oder einem Partner unterwegs und wie wäre es, all das einmal aufzuschreiben, was Sie glücklich macht. Es ist unterstützend, einige Tage lang immer wieder auf ein Blatt Papier aufzuschreiben, was alles beglückend ist und aus all diesen Stichworten einen Brief entstehen zu lassen. Und auch am Arbeitsplatz kann es »Wunder« wirken, wenn Sie einmal darüber nachdenken, was Ihre Chefin oder Ihr Chef alles richtig macht, und das auch im direkten Kontakt zum Ausdruck bringen. Also: Nicht auf Anerkennung von anderen warten, sondern die Wertschätzung großzügig und sehr konkret zum Ausdruck bringen.

Dankbarkeit am Abend: Nach einem langen Tag ist es beglückend, sich klarzumachen, was die drei Aspekte des zu Ende gehenden Tages waren, die Sie dankbar stimmen, und die schönen Momente noch einmal zu erinnern, und es vielleicht so zu machen wie die Gräfin Yasmin: »Es war einmal eine schöne Gräfin, die sehr glücklich war, weil sie ihr Leben in vollen Zügen genoss. Viele Menschen wunderten sich, warum sie stets ein glückliches Lächeln auf dem Gesicht hatte. Das Geheimnis ihrer Zufriedenheit war eine Handvoll Erbsen. Jeden Tag, nachdem sie aufgestanden war, tat sie sie in ihre rechte Tasche. Aber nicht, um die Erbsen zu essen, nein, sie nahm sie mit, um so die schönen Momente des Tages bewusster wahrzunehmen und um sie besser zählen zu können. Für jede positive Kleinigkeit, die sie am Tag erlebte, ließ sie eine Erbse von der rechten in ihre linke Tasche wandern. Eine hübsche Blume im Park, ein sie anlächelndes Gesicht auf der Straße, ein Besuch eines Freundes, eine heiße Tasse Tee. Dies alles waren Momente, die sie genoss und dafür eine oder mehrere Erbsen wandern ließ. Abends saß sie dann Zuhause und zählte die Erbsen aus ihrer linken Tasche. So führte sie sich noch einmal die schönen Momente des Tages vor Augen und freute sich.«[53]

TAO-Selbsterforschung

- Wofür bin ich in meinem Leben dankbar?
- Für welche Menschen bin ich dankbar?
- Für welche schönen Erlebnisse in meinem Leben bin ich dankbar?
- Für welche schmerzlichen Lernerfahrungen bin ich dankbar?

Das Prinzip der Selbstverantwortung leben

Wir können uns als Opfer der Umstände sehen,
oder wir können unsere Umstände als eine Chance
für Lernen und inneres Wachstum sehen und unser Leben
so gestalten, wie wir es wollen.
Colin C. Tipping

Vor einiger Zeit habe ich mich über meinen Sohn geärgert, weil er sich aus meiner Sicht mit dem Studieren zu viel Zeit lässt. Wir sprachen miteinander, ich fühlte mich nicht verstanden und erlebte, wie ich emotional wurde. Ich fragte mich am Tag darauf, was es mit meiner Unzufriedenheit auf sich hatte, und erkannte, dass ich ihm gegenüber in der Vergangenheit meine Wünsche nicht klar genug geäußert hatte. Zu Beginn seines Studiums hatte ich keine klaren Vereinbarungen mit ihm getroffen, wie wir die Zeit der elterlichen Unterstützung gestalten. Es schien zunächst so zu sein, als wäre mein Sohn »das Problem«, doch je länger die unzufriedene Situation in mir bewegte, desto deutlicher erkannte ich meine fehlende Selbstverantwortung. Es zeigt sich an diesem Beispiel sehr schön, dass eine tiefe Wahrheit in dem Satz steckt: Wenn Du mit dem Finger auf jemand anderes zeigst, dann zeigen immer drei Finger auf Dich selbst.

Die Lebenskunst der Achtsamkeit besteht nicht nur darin, unser Leben dankbar zu genießen, sondern auch darin selbstverantwortlich zu leben. Es geht jetzt um das Prinzip der Selbstverantwortung, um die Einsicht, dass ich *wählen* kann und dass mein Leben nur zu einem kleinen Teil aus dem besteht, was mir geschieht, und zu einem sehr großen Teil aus dem, wie ich darauf reagiere. Wenn wir uns für den Weg der Bewusstwerdung entscheiden, dann gibt es fast immer drei verschiedene Wahlmöglichkeiten: Wir können eine Situation so *akzeptieren*, wie sie ist, wir können sie *verändern* oder die Situation *verlassen*. Zuweilen wissen wir vielleicht nicht, welche der Wahlmöglichkeiten für uns passend ist, vielleicht haben wir Angst, eine »falsche« Entscheidung zu treffen, vielleicht fehlen uns noch Informationen oder wir brauchen das offene Ohr einer Freundin oder eines Coaches, um Klarheit für eine Entscheidung zu finden. Wenn wir diesen Weg der Bewusstheit wählen, sind wir Gestalter unseres Lebens und diese Selbstbestimmtheit führt zu einem zufriedenen Lebensgefühl.

Gewöhnen wir uns an, nicht mehr zu sagen: »Diese Person oder dieser Umstand regt mich auf« – sondern uns zu fragen: »Warum bin ich erregbar?«, »Was kann ich daran tun, mich weniger erregbar zu machen?«

Wolfgang Stehling

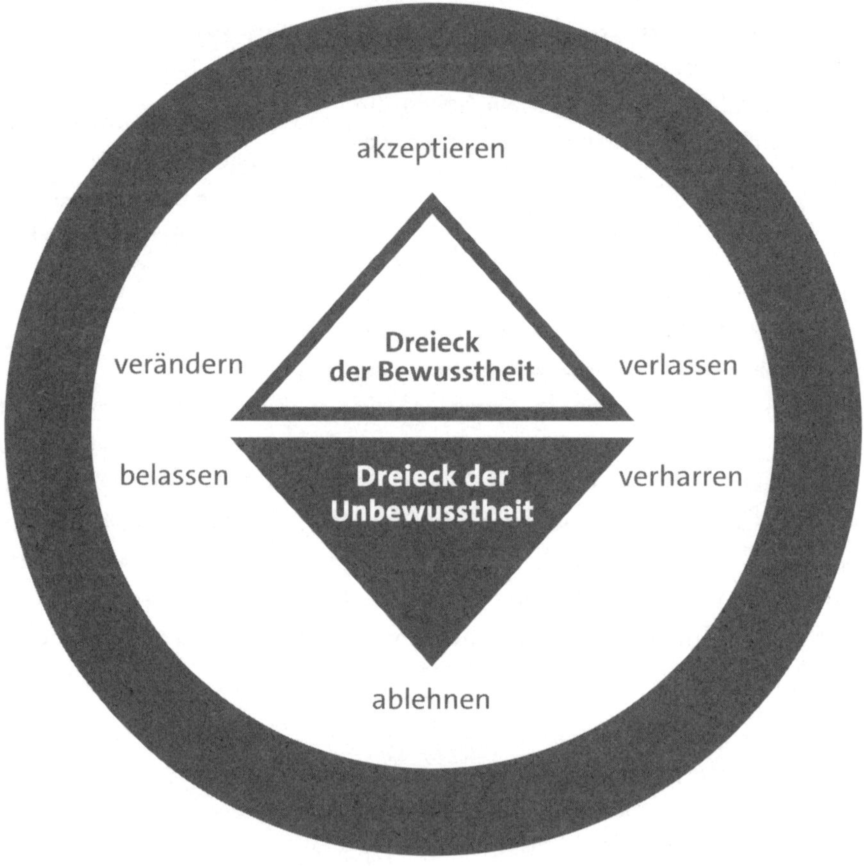
akzeptieren
verändern
Dreieck
der Bewusstheit
verlassen
belassen
Dreieck der
Unbewusstheit
verharren
ablehnen

Nicht wenige Menschen in unserem Kulturkreis haben sich jedoch unbewusst für den Weg des Opferseins entschieden. Sie jammern und klagen, finden immer das berühmte Haar in der Suppe, sehen die Probleme meist bei anderen Menschen und erkennen in einer unzufriedenen Lebenssituation nicht die eigenen Handlungsspielräume bzw. haben nicht gelernt, eine Situation aktiv zu verändern. Das Lebensgefühl dieser Menschen ist von Fremdbestimmtheit gekennzeichnet, in der Grafik links dargestellt in dem Dreieck der Unbewusstheit.[54] Natürlich ist es so, dass in jedem Menschen *beide* »Dreiecke« stecken, doch macht es einen Unterschied, ob ich wir uns grundsätzlich als Gestalter des Lebens verstehen oder meistens als Opfer der Lebensumstände.

So ist es wohl, sagt Reinhard K. Sprenger: »Die Bereitschaft, Leiden zu ertragen, ist verbreiteter als die Fähigkeit, das Übel zu beseitigen. … Verantwortlich sind Sie nicht nur für das, was Sie tun, sondern auch für das, *was Sie unterlassen.* Dafür wollen aber die wenigsten Verantwortung übernehmen. … Wenn Sie die Umstände nicht ändern können, dann bleibt immer noch die Möglichkeit zu wählen: *Ihre innere Einstellung!*«[55]

TAO-Selbsterforschung

- Wonach sehnt sich mein Herz?
- Was macht mich gerade in meinem Leben unzufrieden?
- Was kann ich mit dem Satz anfangen: Akzeptanz ist die Veränderung?
- Was gilt es in meinem Leben zu verändern oder was zu verlassen?
- Was ist die Vision meines Lebens?

Das Denken achtsam erforschen

Das Denken ist die Basis von allem.
Es ist wichtig, dass wir jeden unserer Gedanken
mit dem Auge der Achtsamkeit erfassen.
Thich Nhat Hanh

In meiner Studienzeit in Marburg lief immer wieder eine ältere Frau mit einem Fahrrad durch die Straßen und sprach laut und ungefiltert das aus, was sie gerade dachte. Ich fand dieses Verhalten sehr befremdlich. Erst Jahre später las ich dann folgende Worte: »Sicher bist du schon ›Verrückten‹ auf der Straße begegnet, die unaufhörlich mit sich selber reden oder murmeln. Das ist gar nicht so verschieden von dem, was du und alle anderen ›Normalen‹ – tun, ihr tut es nur nicht laut.«[56]

Gäbe es an unserer Stirn einen Monitor, auf dem wir bei unserem Gegenüber sehen könnten, was er oder sie gerade denkt, wir bekämen wahrscheinlich sehr oft einen großen Schreck, denn was wir denken ist bemerkenswert oft destruktiv und banal. Sehr viele Gedanken, vielleicht 80 Prozent, sind negativ, selbstabwertend, kritisch, vergleichend und verurteilend und immer wieder gleich. Wir kauen, wie ein Hund, immer wieder neu auf unseren sorgenvollen und unnützen Gedanken herum und die größte Tragik besteht darin, dass sich die meisten Menschen ihrer mentalen Unfreiheit gar nicht bewusst sind. Erst wenn wir schweigen, erkennen wir, wie viel Lärm der Verstand macht und wie schwer es ist, sich von der »Sklaverei des Verstandes« zu befreien und zur Ruhe zu kommen. Der Verstand ist ein wunderbares Geschenk, doch hat dieses kostbare Instrument die Macht über uns gewonnen, sodass wir meistens *zwanghaft* denken. Wenn wir etwas geübter sind in der Wahrnehmung unsere Gedanken und erkannt haben, dass Gedanken keine Tatsachen sind und wir auch nicht alles glauben müssen, was sich in unserem Kopf abspielt, dann können wir den Verstand bewusst in den Zeiten einsetzen, wenn wir an einem Projekt arbeiten und auf der Suche nach kreativen Lösungen sind. Ansonsten können wir das Denken weniger werden lassen bzw. mit dem Denken aufhören, was zur Folge hat, dass wir viel konzentrierter und effektiver arbeiten und dabei weniger Energie verbrauchen. Ein wesentlicher Schritt bei der Lebenskunst der Achtsamkeit besteht darin, sich weniger mit dem Verstand zu identifizieren, den inneren Beobachter zu stärken und es zur Gewohnheit werden zu lassen, sich selbst zu fragen: »*Was geht im Moment in mir vor?*« In solchen Momenten beobachten wir, was gerade geschieht, ohne es zu bewerten, und allmählich ist es vielleicht sogar möglich, mit einem Lächeln unser »Gedankenkarussell« wahrzunehmen: »Sobald du beginnst, *den Denker zu beobachten*, wird eine höhere Bewusstseinsebene aktiviert. Du erkennst auch, dass alles, was dem Leben wahren Wert verleiht, – Schönheit, Liebe, Kreativität, Freude, innerer Frieden –, seinen Ursprung jenseits des Verstandes hat. Du beginnst zu erwachen.«[57]

Für viele Menschen ist es eine wichtige Entdeckung, wenn ihnen klar wird, dass ganz viele Gedanken gar nicht ihren Ursprung in uns selbst haben, sondern in unserer Kindheit und Jugend entstanden sind. In dieser Zeit waren wir extrem abhängig von der Liebe unserer Eltern, und um ihre Wertschätzung nicht zu verlieren, haben wir viel zu oft deren Ansichten vom Leben und deren Denkbarrieren übernommen. Nun wäre es vorteilhaft, wenn wir schon sehr früh eine kritische Überprüfung vornehmen würden, um herauszufinden, welche Denkmuster und Glaubenssätze für unsere eigene Lebensgestaltung hilfreich sind und welche wir verändern wollen. Zentrale Themen, die es lohnt, genauer unter die Lupe zu nehmen, sind: Geld, Sex, Sinn, Arbeit, Glück, Liebesbeziehung, Erziehung, Haben und Sein, Freundschaft und Tod.[58] Die meisten Menschen machen diese innere Arbeit nicht freiwillig, sondern brauchen meist eine Lebenskrise, um das eigene Denken zu erneuern und herauszufinden, wie sie eigentlich leben wollen. Und auch nach einer solchen »Gedanken-Inventur« lohnt es sich immer wieder einmal neu der Frage nachzugehen, worum es für mich in meinem Leben geht, was ich glaube, haben und erleben will und was nicht und auch herauszufinden, was meine Träume, Sehnsüchte und Visionen sind.

Der gesunde Menschenverstand besteht ausschließlich aus den Vorurteilen, die der Geist vor dem achtzehnten Lebensjahr verinnerlicht hat.

Albert Einstein

Und dann geht es noch um die Fähigkeit, *langfristig zu denken*. Unsere Zeit ist geprägt von einem kurzfristigen Denken, bei dem der maßlose Konsum und das blinde Wirtschaftswachstum im Vordergrund stehen. Und so erleben wir viele Denkblockaden und hören, was alles nicht geht oder alternativlos ist. Die Corona-Pandemie hat uns gezeigt, welche gewaltigen Geldmittel sehr schnell lockergemacht werden können und welche Freiheitsrechte eingeschränkt werden müssen, wenn Gefahr im Verzug ist. Die Zeit ist reif für eine *neue Aufklärung*, um die heutigen kurzfristigen Denkgewohnheiten und destruktiven Handlungen abzulösen.[59] Und so heißt es in dem neuesten Bericht des Club of Rome: »Im Angesicht der grausigen Erfahrungen ist es einfach nicht akzeptabel, dass Selbstsucht und Gier weiterhin positive soziale Wertschätzung als angebliche Triebkräfte des Fortschritts genießen.«[60] Wir sind daher eingeladen, nicht nur uns selbst[61], sondern auch unsere Welt neu und langfristig zu denken.

TAO-Selbsterforschung

- Was denke ich über mich?
- Welche Sätze meiner Eltern wirken noch bis heute in mir nach?
- Was denke ich über die Menschen, die mir nahestehen?
- Was denke ich über Menschen, die vollkommen anders leben als ich?
- Was denke ich über die gefährdete Welt, in der ich lebe?

Das Fühlen achtsam erforschen

Jedes Gefühl muss da sein dürfen!
Wenn Gefühle unterdrückt werden,
kostet das sehr viel Energie.
Christian Meyer[62]

Meine Mutter hat mir den Glaubenssatz »Gefühle sind gefährlich« mit auf meinen Lebensweg gegeben. In meinen ersten Weiterbildungen fragte mich die Gruppenleiterin wiederholt nach einem Beitrag von mir, was ich denn fühlen würde, und ich verstand zunächst nicht, was sie meinte. Im Rahmen von Selbsterfahrung und Therapie bin ich mir dann immer mehr auf die Spur gekommen und habe auch verstanden, warum dieser Satz für meine Mutter ganz viel Sinn macht, denn sie hatte traumatische Erfahrungen[63] bei ihrer Flucht aus Ostpreußen Anfang 1945 gemacht, die bis heute noch nachwirken, so dass es für sie ein »gesundes« Verdrängen gewesen ist.

Gefühle sind ein wichtiger Weg zu uns selbst. Sie machen den Reichtum des Lebens aus. Um diese Fülle erleben zu können, ist es wesentlich, unsere Gefühle achtsam zuzulassen, zu erleben und auch zu erforschen. Gefühle sind ein Weg des Körpers, äußere Geschehnisse zu beurteilen und entsprechend darauf zu reagieren. Oder anders ausgedrückt: Gefühle sind eine körperliche Reaktion auf Gedanken. Die Wissenschaft unterscheidet sieben Gefühle: Angst (Furcht), Freude (Glück), Wut (Aggression), Traurigkeit, Neugier (Überraschung), Ekel und Verachtung. Bei jedem einzelnen Gefühl gibt es dann auch noch Abstufungen. Bei der Angst sind es Unsicherheit, Furcht, Schrecken und Panik.

Angenehme Gefühle sind uns willkommen, wir wollen sie festhalten und erneut erleben, während wir unangenehme Gefühle loswerden und gerne unterdrücken wollen. Doch dieses »ungesunde« Verdrängen kostet einen hohen Preis und so wird in diesem Zusammenhang gerne die Metapher benutzt, *einen mit Luft gefüllten Ballon unter Wasser zu drücken*. Diese Unterdrückung ist möglich und erfordert kontinuierliche Aufmerksamkeit und Anstrengung. Die Folgen sind Erschöpfung, Verspannungen, Schlafprobleme und Erkrankungen wie Depressionen – auch Einflüsse auf Partnerschaft und Sexualität sind nachgewiesen. Gefühle wegzuschieben hat daher meist einen sehr hohen Preis: »Es macht uns freier, wenn Gefühle ihre tatsächliche Funktion ausüben können und die Chance haben, Verlust, Enttäuschung zerplatzte Illusionen, gescheiterte Träume oder Misslingen eines Projektes auf eine wirklich tiefgehende Weise zu verarbeiten.«[64]

Wenn wir das Leben in seiner ganzen Fülle und Intensität genießen wollen, dann gibt es keinen anderen Weg, als *alle* unsere Gefühle willkommen zu heißen. Damit dies nicht ein frommer Wunsch bleibt, macht es Sinn, besonders *unsere Ängste genauer zu erforschen*: die Angst, ein Gefühl nicht auszuhalten, die Angst, die Kontrolle zu verlieren, die Angst, das Gesicht zu verlieren, die Angst, nicht mehr funktionieren zu können, und die Angst vor dem Tod.[65] In unserer Kultur sind wir es gewohnt, uns um unseren Körper zu kümmern, wenn er krank ist oder vorsorgend, indem wir ein Fitnessstudio besuchen, doch ist es für viele Menschen noch keine gelebte Praxis, sich für die seelische Arbeit nach erlebten schmerzlichen Gefühlen die gleiche Zeit zum Heilwerden zu nehmen.

Wie ist es möglich, dass wir uns auch um unsere Gefühle kümmern? In dem wir bewusst in die *Stille* gehen und uns Zeit nehmen, die Gefühle zu fühlen: Richten Sie Ihre Aufmerksamkeit auf Ihren Atem. Erlauben Sie sich drei tiefe Atemzüge und sagen Sie »Ja« zu Ihrem Gefühl. Ganz gleich, welches Gefühl gerade da ist. Erlauben Sie Ihrem Gefühl da zu sein, ohne irgendetwas äußerlich zu tun. Innerlich können Sie den Prozess unterstützten, indem Sie beispielsweise gedanklich folgende Worte sprechen: »Mein Gefühl (z. B. Ärger, Wut, Traurigkeit) ist willkommen und darf jetzt da sein. Ich sage ›Ja‹ zu Dir und ich bin bereit, Dich zu fühlen.« Beobachten und erforschen Sie, wie es sich zeigt, ob und wie es sich eventuell verändert – es geht einfach nur darum, mit dem zu sein, was jetzt ist.

Neben der Stille kann es unterstützend sein, die TAO-*Fragen* weiter unten zu beantworten, sich Zeit zu nehmen, um ausführlich *Tagebuch* zu schreiben und das eine oder andere Buch zu lesen. Zwei *Bücher* sind mir wichtig geworden: Zum einen das Buch von Daniel Goleman »Emotionale Intelligenz«[66] und zum anderen das Buch von Diana und Michael Richardson »Zeit für Gefühle«[67]. Daniel Goleman zeigt auf, dass Erfolg im Leben nur möglich ist, wenn wir klug mit unseren Gefühlen umgehen. So können wir uns fragen: Wie gut kenne ich mich selbst? Wie und warum reagiere ich in schwierigen Situationen? Wie gut kann ich mit Wut, Aggression, Freude und anderen Gefühlen umgehen? In dem Buch von Diana und Michael Richardson wird der Unterschied zwischen Emotionen und Gefühlen anschaulich erläutert. Ein Beispiel: Wenn ich emotional bin, hat dies in erster Linie mit einer Erfahrung aus meiner Vergangenheit zu tun, die jetzt durch meinen Partner schmerzlich berührt wird. Der Augenkontakt wird schwierig oder vermieden. Erlebe ich ein Gefühl, dann hat das mit dem Erleben im Hier und Jetzt zu tun und der Augenkontakt gelingt ganz leicht. Das Fazit der verschiedenen Anregungen lautet: Der Weg zu mehr Lebendig-Werden führt nicht über die Kontrolle oder Ablehnung der Gefühle, sondern über den Weg der freundlichen und humorvollen Akzeptanz.

TAO-Selbsterforschung

- Was fühle ich jetzt? Welche innere Stimmung nehme ich wahr?
- Welche Gefühle vermeide oder lehne ich ab?
- Wie lenke ich mich ab, wenn ungeliebte Gefühle auftauchen?
- Wen mache ich üblicherweise für meine Gefühle verantwortlich?
- Welche Gefühle will ich mehr zulassen und zu Ende fühlen?

Den Körper achtsam erforschen

Die Erweiterung
der Grenzen ist möglich.
Ruth C. Cohn

Eines Tages sagte der Hausarzt zu meiner damals über 70-jährigen Oma: »Frau Müller, bald brauchen Sie einen Rollstuhl.« Zum Glück hatte meine Oma eine gute Krankengymnastin und die ermutigte meine Oma, jeden Tag ein paar Übungen zu machen, obwohl das für meine Oma alles andere als selbstverständlich war. Meine Oma begann mit einer täglichen Praxis von fünf Minuten und nach einigen Wochen waren es sechzig Minuten. Und was war das Ergebnis: Auch zwanzig Jahre später brauchte meine Oma keinen Rollstuhl.

Diese kleine Familiengeschichte zeigt eindrücklich, dass die körperlichen Grenzen erweiterbar sind und unsere Möglichkeiten sehr oft viel größer sind, als wir es vielleicht zunächst denken. Doch genauso wichtig ist es, zu lernen, den eigenen Körper zu lieben, anstatt uns zu kritisieren und mit anderen Menschen zu vergleichen. Anstatt uns mit nutzlosen Diäten und ehrgeizigen Sportprogrammen zu quälen, ist es viel vergnüglicher, wenn wir uns in einer liebevollen Weise um uns selbst kümmern. Die Themen Entspannung, Bewegung und Ernährung[68] können wir in einer spielerisch leichten Art angehen und dabei akzeptieren, dass wir sehr unvollkommene Menschen sind und bleiben. Der Weg zur Akzeptanz des eigenen Körpers ist für viele Menschen herausfordernd und immer wieder gibt es Tage, an denen sich unser innerer Kritiker wieder meldet und wir uns schlecht fühlen. Diese emotionalen Schwankungen dürfen wir akzeptieren, und sie gehören mit auf den Weg, den eigenen Körper lieben zu lernen.

Den Körper achtsam erforschen bedeutet, unrealistische Schönheitsideale durch realistische Bilder zu ersetzen und den eigenen Körper – auch im Spiegel – immer wieder neugierig und wohlwollend anzuschauen. Hilfreich ist es auch zu bemerken, was körperlich alles möglich ist. Auch wenn es sich zunächst einmal ungewöhnlich anfühlt, so kann es doch eine Freude sein, die nachfolgenden Worte im Herzen zu bewegen: Meine Augen lassen mich die Welt sehen. Ich habe ein Herz, das schlägt. Ich bin dankbar für meine Lungen, die mich atmen lassen. Mit meinen Ohren kann ich die Vögel singen hören. Mit meiner Nase kann ich die Blumen riechen. Mit meinem Mund kann ich lächeln. Mit meinen Zehen kann ich wackeln. Und ich habe einen klugen Kopf, der mir kreative Gedanken schenkt, der mich aber manchmal auch schlecht über meinen Körper denken lässt – also werde ich immer wieder mein Denken neu ausrichten.

Es ist nicht so, dass Sie einen schönen Körper besäßen; Sie sind Ihr Körper; ihn nicht zu mögen, heißt in Wirklichkeit, sich nicht als menschliches Wesen zu akzeptieren.

Wayne W. Dyer

Entspannung entsteht, wenn wir uns Zeit zum Innehalten schenken und beispielsweise die Progressive Muskelentspannung[69] praktizieren, einen Body-Scan erleben oder Yoga-Übungen[70] durchführen. Entspannung geschieht auch durch die Erkenntnis, dass über 80 Prozent aller Sorgen unbegründet sind. Sorgen machen krank, während eine gesunde Besorgnis zur Vorsorge führt. Sich sorgen ist destruktiv und erfolgt aus einer tiefen Lebensangst, die zur Folge hat, dass wir alles vorausplanen und unter Kontrolle haben wollen. Und so denken wir uns die unterschiedlichsten Katastrophenszenarien aus und kommen aus dem Grübeln nicht mehr heraus. Sich Sorgen zu machen, ist eine unbewusste Angewohnheit, die verlernt werden kann, indem wir unsere Gedanken beobachten und Dankbarkeit kultivieren.

Ich hatte mein ganzes Leben viele
Probleme und Sorgen.
Die meisten von ihnen sind aber
niemals eingetreten.

Mark Twain

Bewegung bedeutet Lebensqualität. Viele Menschen haben Freude an der körperlichen Bewegung und genießen es, Sport zu machen, spazieren zu gehen oder im Garten aktiv zu sein. Und immer mehr Menschen bewegen sich zum Ausgleich für das langanhaltende Sitzen während der Arbeit, denn Bewegungsmangel ist eine der Hauptursachen für Rückenschmerzen sowie für verschiedene Zivilisationskrankheiten. Bewegung ist in jeder Lebensphase gesundheitsfördernd und verhindert oder mindert viele Krankheiten, die besonders mit zunehmendem Lebensalter auftreten. Bei allem gilt: Immer mehr, immer schneller, immer besser ist nicht das Motto der Achtsamkeit. Die Einladung besteht vielmehr darin, sich mit Freude und ohne übertriebenen Ehrgeiz und Leistungsdruck zu bewegen.

Ernährung ist die Basis für ein gesundes Leben. Ein paar einfache Verhaltenshinweise können weiterhelfen auf dem Weg zu mehr Achtsamkeit: Über den Tag verteilt dreimal essen, die Mahlzeiten in Ruhe einnehmen, auf Qualität achten in Form von frischem Obst und Gemüse, den Fleischkonsum einstellen oder spürbar reduzieren und über den Tag verteilt viel Wasser trinken. Und wer mutig ist, dem empfehle ich das inspirierende Buch von Ruediger Dahlke »PEACE FOOD«[71], in dem er in schonungsloser Offenheit die aktuellen Zustände der Tierhaltung und die Wirkungen des Fleischkonsums aufzeigt.

TAO-Selbsterforschung

- Was liebe ich an meinem Körper?
- Welche Bereiche meines Körpers hätte ich gerne anders?
- Was hindert mich daran, auch diese »Problemzonen« zu akzeptieren?
- Was ist mein nächster Schritt auf dem Weg zu mehr Körperbewusstsein?

Das Verhalten achtsam erforschen

Denke immer daran,
dass es nur eine wichtige Zeit gibt:
Heute. Hier. Jetzt.
Leo Tolstoi

Im Sommer 1991 begegnete ich dem jungen Marburger Theologieprofessor Henning Luther zufällig auf der Straße vor der Universität. Wir beide blieben stehen und wechselten einige Worte. In Erinnerung sind mir nicht mehr seine Worte, sondern seine große Präsenz. Er war ganz im Hier und Jetzt. Wenige Wochen später starb er, und ich erfuhr, dass er zum Zeitpunkt unserer Begegnung wusste, dass seine Zeit »abgelaufen« war. In der Regel wissen wir nicht, wann unsere Zeit abgelaufen ist, deshalb sollten wir so leben, wie Jon Kabat-Zinn es ausgedrückt hat: »Präsent zu sein, ist genug«.

In unserem Alltag sind wir in vielen Situationen nicht präsent. Wir handeln aus dem Autopiloten heraus und der Autopilot ist genau das Gegenteil von Achtsamkeit. Achtsamkeit bedeutet, ganz wach und bewusst im Hier und Jetzt zu sein, und das ist aufgrund unserer ständigen Gedanken, der verbreiteten Angewohnheit zum Multitasking und in einer Welt der Reizüberflutung gar nicht mehr so einfach. Und so schenken wir dem aktuellen

Geschehen keine oder viel zu wenig Aufmerksamkeit, wenn der Autopilot »eingeschaltet« ist. Wir sind unbewusst und bemerken meist auch unsere Unachtsamkeit nicht. Eine kleine Geschichte verdeutlicht dieses im Alltag so häufig anzutreffende Verhalten: Eine Führungskraft fiel den Mitarbeiter:innen dadurch auf, dass sie ein unglaubliches Arbeitspensum bewältigen konnte und trotzdem immer gelassen war. Ein Mitarbeiter fasste sich ein Herz und fragte, wie dies möglich sei. Die Antwort: »Wenn ich in mein Büro gehe, dann gehe ich in mein Büro, wenn ich telefoniere, dann telefoniere ich und wenn ich meine Mails checke, dann checke ich meine Mails.« Der Mitarbeiter sagte: »Das kann nicht das Geheimnis sein, denn das tue ich auch. Aber warum sind wir so leicht gestresst, obwohl wir viel weniger Arbeit haben?« Die Führungskraft antwortete: »Vielleicht ist das der Grund: Wenn ihr ins Büro geht, dann telefoniert ihr schon und wenn ihr telefoniert, dann checkt ihr schon eure Mails und wenn ihr eure Mails checkt, dann plant ihr schon euren Feierabend.«

Es gibt also zwei verschiedene Weisen des Verhaltens – das Verhalten aus dem Autopiloten und das achtsame Verhalten.

Autopilot	Achtsamkeit
unbewusst	bewusst
abwesend	präsent
automatisches Reagieren	kreatives Handeln

Wenn wir von Achtsamkeit sprechen, dann geht es nicht um irgendwelche Verhaltensregeln, die es zu befolgen gilt, sondern um einen individuellen Bewusstwerdungsprozess, bei dem wir unser alltägliches Verhalten auf *allen* Ebenen erforschen: Unser Umgang mit uns selbst, unser Verhalten unseren Eltern, Partnern und Kindern gegenüber, unsere Art und Weise, wie wir unsere Freundschaften pflegen, wie wir Sex haben, mit welcher inneren Haltung wir arbeiten und wie wir unsere freie Zeit gestalten. Diese Lust und Freude am Erforschen führen zu mehr geistiger Klarheit. Wir erkennen dann wahrscheinlich auch, dass *wir die Wirtschaft sind*, fangen bei uns selbst an und untersuchen, wie und wo wir unser Geld anlegen und wie wir einkaufen und konsumieren[72]. Und all das brauchen wir nicht allein zu tun, sondern es entstehen viel mehr Inspiration und Energie, wenn wir uns mit anderen zusammentun und gemeinsam den Weg der Achtsamkeit gehen. Und vielleicht erkennen wir dabei auch: »Die wertvollsten Dinge in unserem Leben sind unbegrenzt und kostenlos. Das ist eine revolutionäre Aussage, daher noch einmal: Das Wertvollste in unserem Leben ist unbegrenzt vorhanden.«[73] *Was ist das Wertvollste für Sie?* Nehmen Sie sich jetzt ein Blatt Papier und schreiben Sie auf, was Ihnen spontan einfällt. Meine Antwort lautet: Liebe, innerer Friede, die Freude des Seins, geistiges Wachstum, inspirierende Begegnungen, Einfachheit, Slow Sex[74], ein Glas Wein und eine gute Zigarre.

Und auf einen weiteren Aspekt möchte ich zu sprechen kommen, denn aus meiner Erfahrung lautet die Grundsatzfrage immer wieder neu: *Ist mein Handeln aus der Liebe oder aus der Angst geboren?* Was ist die bestimmende

Kraft in meinem privaten Alltag und in meinem beruflichen Tun? Viele Menschen führen ihr Leben nicht aus der Liebe, sondern aus der Angst heraus. Die Folge dieses angsterfüllten Lebens sind Unzufriedenheit, Beziehungsfrust, Arbeitssucht und ökologische Zerstörung. Und so sind es auch hier zunächst die Fragen und nicht die Antworten, die weiterhelfen: Liebe ich meine Partnerin, weil es mich beglückt, für sie da zu sein, oder weil ich nicht allein sein will? Behandele ich meinen Partner gut, weil ich es von Herzen gerne tue oder weil ich mir davon etwas erhoffe? Liebe ich meinen Beruf oder steht bei mir vor allem das Geldverdienen im Vordergrund? Will ich für meine Kunden das Beste oder interessiert mich vor allem mein Vorteil? Mache ich meinen Sport aus Freude an der Bewegung oder um ehrgeizig meine Leistung zu steigern? Es lohnt, diese Fragen sehr genau zu untersuchen, denn *alles* Verhalten in unserem Alltag entspringt entweder mehr aus der Angst oder mehr aus der Liebe.

TAO-Selbsterforschung

- Wie kann ich mehr Achtsamkeit in mein Verhalten bringen?
- Was braucht es, um mehr Leichtigkeit des Seins in meinem Alltag zu erleben?
- Wie kann ich mein Leben nachhaltiger gestalten?
- Wo handle ich aus der Liebe und wo aus der Angst heraus?

Liebe in den beruflichen Alltag bringen

Arbeit ist sichtbar gewordene Liebe.
Und wenn ihr nicht mit Liebe arbeiten könnt,
sondern nur mit Widerwillen, dann ist es besser,
wenn ihr eure Arbeit aufgebt und euch an das Tempeltor setzt
und von denen Almosen annehmt, die mit Freude arbeiten.
Khalil Gibran[75]

Ein Arbeitsrichter erzählte mir in einem Seminar, dass er in der Verwaltung das schönste Büro hätte. Als ihm bewusst wurde, dass er in seinem Arbeitszimmer viel mehr Zeit verbringt als in seinem Wohnzimmer, gestaltete er sein Zimmer liebevoll um. Als ich ihn Monate später besuchte, erlebte ich ein sehr ungewöhnliches Zimmer. An allen freien Wänden hingen Bilder in schönen Rahmen, ich sah verschiedene Skulpturen, einen alten Sekretär, einen Samowar und vieles andere mehr. Nur in eines willigte er gerne ein: Er unterschrieb, dass er bei einem Diebstahl der Gegenstände keine Ansprüche an seinen Dienstherren hat.

Wie sieht Ihr Arbeitszimmer aus? Ist es ein Ort, an dem Sie sich wohlfühlen und der einlädt, kreativ zu sein? Und noch viel grundsätzlicher gefragt: Fahren Sie mit einem Lächeln zur Arbeit oder sind Sie froh, wenn es endlich Feierabend ist? Lieben Sie Ihre Arbeit? Und wenn ja, was lieben Sie an

Ihrer Arbeit? Oder gefällt Ihnen Ihre Arbeit nicht mehr und Sie wollen lieber etwas anderes machen? Oder liegt Ihrer Unzufriedenheit vielleicht eine negative Grundhaltung zugrunde, weil sie all die positiven Aspekte aus den Augen verloren haben?

Vier Grundhaltungen am Arbeitsplatz[76]

- Die eigene Einstellung wählen: Mich bewusst für ein »Ja« zur Arbeit und zu den Kollegen entscheiden.
- Präsent sein: Innerlich bei der Arbeit und der zwischenmenschlichen Kommunikation anwesend sein.
- Spielen: Die Arbeit und mich selbst nicht zu ernst nehmen sowie den Spaß und den Humor kultivieren.
- Anderen Freude bereiten: Dem Kollegen, Chef oder Kunden etwas geben, mit dem er nicht gerechnet hat.

Nehmen Sie sich Zeit für eine ausführliche schriftliche Selbstreflexion, denn die Arbeit nimmt bei den meisten Menschen den größten Teil der Zeit in Anspruch und daher ist Achtsamkeit hier besonders gefragt.

Warum ist Arbeit – neben der Notwendigkeit, Geld zu verdienen – für unser menschliches Dasein so wichtig? Die Arbeit strukturiert unsere Zeit und gibt uns einen Rahmen, an dem wir uns orientieren können. In der Bewältigung von Arbeitsaufgaben erwerben wir Fähigkeiten, Kenntnisse und

Handlungskompetenz. Viele berufliche Aufgaben können nur in Zusammenarbeit mit anderen Menschen erledigt werden. Auf diese Weise werden kooperative Fähigkeiten entwickelt und sozialer Austausch geschieht. Und zuletzt fördert die Arbeit die Entwicklung von Identität, Selbstwertgefühl und Achtsamkeit.

Menschen mit einer Arbeit übersehen leicht, wie es wäre, wenn sie arbeitslos oder aufgrund einer Verletzung oder Krankheit arbeitsunfähig wären. Menschen mit diesen Herausforderungen wären dankbar, wenn sie einer beruflichen Tätigkeit nachgehen könnten.

Andererseits gibt es entwürdigende und sinnlose Arbeiten oder Arbeiten mit wenig Einflussmöglichkeiten und hohem Leistungsdruck, was dann schnell zu Stress führen kann. Doch wenn wir erkennen, dass wir in Routinen verfallen sind und nur noch im Autopiloten funktionieren, dann ist es möglich, uns mit Stille, Bewusstheit und Präsenz unseren Aufgaben und Menschen neu zu widmen und auf diese Weise unserer Arbeit vielleicht eine neue Qualität und Sinnhaftigkeit zu geben.

Arbeit ist weit mehr als materieller Lebenserwerb. In unserer Arbeit erhalten wir die Chance zu wachsen, zu dienen und etwas beizutragen.
Kai Romhardt

»Wenn Sie die Achtsamkeit zum Leitfaden Ihres Wahrnehmens und Handelns während Ihres Arbeitstages machen, und zwar vom Augenblick des Aufstehens am Morgen bis zur Heimkehr am Abend, dann kann Ihre Arbeit zu einer wirklichen *Wahl* werden und hört auf, bloße Notwendigkeit des Geldverdienens oder beruflichen ›Weiterkommens‹ zu sein. Sie bringt dieselben Haltungsaspekte, um die Sie sich bisher in anderen Lebensbereichen bemüht haben, in jedem Augenblick Ihres Arbeitsalltags ein und verknüpfen Augenblick um Augenblick nahtlos in Achtsamkeit miteinander. Anstatt Ihr Leben von der Arbeit beherrschen zu lassen, gestalten Sie aktiv die Rolle, die die Arbeit in Ihrem Leben hat, und schaffen so eine neue Balance.«[77]

TAO-Selbsterforschung

- Wozu oder wofür arbeite ich?
- Was liebe ich an meiner Arbeit?
- Wie viel Energie schöpfe ich aus meiner beruflichen Tätigkeit?
- Was ist das genau für eine Arbeit, die ich mache, und wie kann ich sie unter den gegebenen Umständen am besten verrichten?
- Wie kann ich mehr Liebe in mein berufliches Tun bringen?
- Wo stecke ich in der Komfortzone fest und welche Veränderung steht schon länger an?

Selbstliebe mit Herz, Hingabe und Humor

Es ist genau dieses Sichselberlieben, was Sie erlernen müssen, wenn Ihr gegenwärtiges Dasein glücklich sein soll.
Wayne W. Dyer

Als ich mich vor zwanzig Jahren für ein ausschließlich selbstständiges Arbeiten entschied, war mir bewusst, dass Selbstständige selbst und ständig arbeiten. Diese Vorstellung empfand ich nicht sehr anziehend. Für mich war und ist auch das Privatleben wesentlich und nicht nur ein zeitlicher Restposten. Und so entschied ich mich für den Luxus von freier Zeit. Ich blockierte die Schulferien, habe in dieser Zeit keine Aufträge angenommen und bin durch diesen mutigen Akt der Selbstliebe weder verhungert noch verarmt, sondern habe viele glückliche und freie Wochen erlebt.

»Liebe Deinen Nächsten wie Dich selbst« ist das wichtige Doppelgebot in der Bibel und zugleich eine wesentliche Grundausrichtung auf einem achtsamen Weg. Viele Menschen haben nur den ersten Teil des Gebotes vermittelt bekommen und sind in der Ansicht aufgewachsen, dass es schlecht sei, sich selbst zu lieben. Die Selbstliebe wurde verdächtig gemacht, die eigenen Bedürfnisse sollten hintenangestellt werden und es wurde von Selbstsucht, Egoismus und Narzissmus gesprochen. Die Folgen waren massive

Selbstzweifel, fehlende Selbstachtung und ein wenig entwickeltes Selbstwertgefühl. Aus diesen negativen Gedanken entstand eine sehr begrenzte Fähigkeit zur Liebe, denn wir können einen anderen Menschen nur so weit lieben, wie wir uns selbst zu lieben gelernt haben.

Auf dem Weg zu mehr Selbstliebe gilt es zu erkennen, dass auch ein Traumpartner niemals die Liebe zu mir selbst ersetzen kann. Daher kann es hilfreich sein, ein *Selbstliebe-Versprechen* zu formulieren und die ersten Worte könnten so lauten: Ich möchte mich anerkennen, achten und lieben. Es ist wahrscheinlich, dass der Weg, der vor mir liegt, nicht immer einfach ist. Manchmal wird alles ganz klar erscheinen. Ich werde wissen, dass ich richtig bin, genauso wie ich bin. Doch es wird auch Momente der Verwirrung, des Zweifels und der Angst geben. Egal wie meine äußere Welt erscheint oder sich mein Inneres anfühlt – ich wähle, von nun an stets an meiner Seite zu sein. Ich will mir selbst mein bester Freund, meine beste Freundin sein. Ich gebe mir die Erlaubnis, mich bedingungslos zu lieben und mein Potential zu leben.«[78]

Die *Wahrnehmung von Bedürfnissen* hat für manche Menschen immer noch etwas Verdächtiges und das führt manchmal dazu, dass wir uns nicht erlauben, dem, was wir wirklich wollen, nachzuspüren, es ernst zu nehmen, anderen Menschen gegenüber auszudrücken und mit einem konkreten Wunsch zu verbinden. Wer seine Bedürfnisse wahrnimmt und wertschätzt, dessen Selbstwertgefühl wächst, er setzt sich nicht dauerhaft unbefriedigenden Situationen aus und bekommt ein immer besseres Gefühl, was er wirklich will und was nicht.

Das *Mantra des Selbstmitgefühls* ist eine Praxis der Selbstliebe, wenn wir erfüllt sind mit negativen Emotionen. In einer solchen Situation kann es unterstützend sein, die nachfolgenden Worte innerlich zu sprechen: »Dies ist ein Moment des Leidens. Leiden gehört zum Leben. Möge ich in diesem Moment freundlich zu mir selbst sein. Möge ich mir selbst das Mitgefühl schenken, das ich brauche.«[79]

Herz: Achtsamkeit heißt, dass wir nicht nur unseren Geist, sondern auch unser Herz kultivieren. Wir lernen dabei, uns selbst in einer herzlichen, freundlichen und annehmenden Weise zuzuwenden. Dabei erfahren wir, wie angenehm und entspannend es ist, immer mehr »Ja« zu sagen zu unseren Fehlern, Schwächen und Schattenseiten, uns mit Selbstmitgefühl und einem offenen Herzen zu umarmen und auf diese Weise ein *ganzer* Mensch zu werden.

Hingabe: Die Lebenskunst der Achtsamkeit wird durch das Praktizieren von Achtsamkeitsübungen, wie Sie diese auf den beiliegenden CDs finden, kultiviert sowie durch eine achtsame und neugierige Haltung bei allen möglichen alltäglichen Tätigkeiten, wie beispielsweise dem Zähneputzen, Telefonieren, Kochen und Autofahren. Dieser Übungsweg braucht innere Motivation und Entschlossenheit sowie die Entscheidung, sich täglich Zeit zu nehmen für achtsame Selbsterforschung, Innehalten und Stille.

Humor: Die Kunst, über sich selbst zu lachen und sich selbst nicht ganz so ernst zu nehmen sowie immer wieder neu eine heitere Distanz zu den Dingen und Menschen zu gewinnen, ist auf dem Weg der Selbstliebe wesentlich. Heitere Gelöstheit, Lachen, Witze, humorvolle Freude sind ein »erfrischender Wind« inmitten von unangemessener Ernsthaftigkeit. »Humor spielt eine sehr wichtige Rolle in unserer geistigen und emotionalen Entwicklung«[80] und ist einer der wichtigsten Schlüssel zur inneren Freiheit.

TAO-Selbsterforschung

- Was bringt mein Herz zum Erblühen?
- Wo lebe ich gegen die Wahrheit meines Herzens?
- Was liebe ich an mir und was lehne ich (noch) an mir ab?
- Mit welchen Menschen vergleiche ich mich, die erfolgreicher, attraktiver und beliebter sind als ich selbst, und warum?
- Was tue ich, um von anderen Menschen geliebt zu werden?
- Was denke ich über mich selbst als Mensch, über meine Stärken, Fähigkeiten und Begabungen?
- Wie sehr ist es mir möglich, über mich selbst zu lachen?

Reflexionsveranstaltung

Je mehr man also nach innen gehen kann,
je introspektiver und selbstreflexiver man wird,
desto mehr vermag man sich vom Ich zu lösen und
über dessen begrenzten Horizont zu erheben.
Ken Wilber

Das achtwöchige Achtsamkeitstraining endet mit einer Reflexionsveranstaltung, in der die individuellen Erfahrungen und persönlichen Entwicklungen der Trainingswochen mitgeteilt werden können. All das kommt zur Sprache, was leichtgefallen ist und was herausfordernd oder auch schwierig gewesen ist. Auch Fragen, die jetzt noch offen sind, haben hier ihren Raum. Wer die Themen der achtsamen Persönlichkeitsentwicklung vertiefen möchte, dem sei das Buch »*Timeout statt Burnout. Einübung in die Lebenskunst der Achtsamkeit*« von Cornelia Löhmer und Rüdiger Standhardt empfohlen.

Und zugleich gibt es in der Reflexionsveranstaltung einen Ausblick nach vorne – jetzt geht es mit dem Üben und Erforschen in der Gruppe weiter – mit dem Themenschwerpunkt *achtsame Kommunikationsentwicklung*.

TAO-Selbsterforschung

Sie haben nun das erste achtwöchige *Training in achtsamer Persönlichkeitsentwicklung* hinter sich. Vielleicht wollen Sie sich jetzt die Zeit nehmen, um die nachfolgenden Fragen zu beantworten:

- Welche Aspekte sind mir in diesen acht Wochen wichtig geworden?
- Welche Erfahrungen habe ich mit der täglichen Übungspraxis gemacht?
- Wie habe ich das achtsame Innehalten am Arbeitsplatz erlebt?
- Welche Bedeutung haben für mich die Fragen zur Selbstreflexion?
- Was will ich mir jetzt noch aufschreiben, was mir wichtig geworden ist?

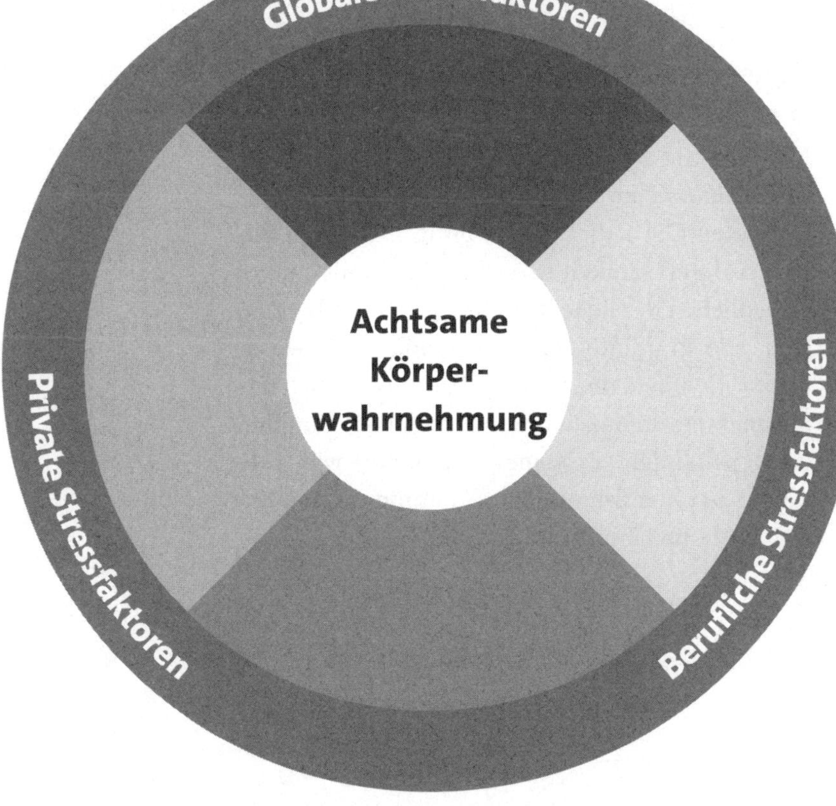
Globale Stressfaktoren
Private Stressfaktoren
Berufliche Stressfaktoren
Achtsame Körper-wahrnehmung

TAO-Übung 3:

Achtsame Körperwahrnehmung

Nehmen Sie sich jetzt Zeit für *achtsame Körperwahrnehmung* im Liegen. Hören Sie auf der beiliegenden CD 1 die TAO-Übung 3. Richten Sie Ihre Aufmerksamkeit nacheinander in die unterschiedlichen Bereiche Ihres Körpers. Erlauben Sie sich, alle Empfindungen Ihres Körpers bewusst wahrzunehmen, unabhängig davon, ob es sich um angenehme, unangenehme oder neutrale Empfindungen handelt. Begegnen Sie allem, was auftaucht, in einer freundlichen Haltung. Lassen Sie sich Zeit, die Übung in Ruhe zu beenden.

Modul 2: Achtsame Kommunikationsentwicklung

Wer als Werkzeug nur einen Hammer hat,
sieht in jedem Problem einen Nagel.
Paul Watzlawick

Der Weg geht von der Persönlichkeitsentwicklung zur Kommunikationsentwicklung oder vom »Ich« zum »Du«, denn als Mensch sind wir sowohl autonom als auch interdependent. Das Training *Achtsame Kommunikationsentwicklung* umfasst acht Treffen im Abstand von einer Woche und eine anschießende Reflexionsveranstaltung. Es geht um wesentliche Grundlagen der zwischenmenschlichen Kommunikation und um eine achtsame Geisteshaltung, die hilft, private und berufliche Beziehungen ehrlicher und harmonischer zu gestalten.

Training 2: Achtsame Kommunikationsentwicklung

Phase 1: Acht Treffen

Phase 2: Reflexion

Achtsame Kommunikation ist das Thema des zweiten Moduls und richtet sich an alle Menschen in einer Organisation, egal wie jung oder alt sie sind. Für eine gelingende Kommunikation ist das aktive und empathische Zuhören besonders wichtig sowie der Verzicht auf vorschnelle Wertungen und ein Schubladendenken. Für gut funktionierende Beziehungen braucht es Offenheit, zeitnahe und konkrete Rückmeldungen und die Fähigkeit zur konstruktiven Konfliktlösung.

Der Kommunikationswissenschaftler Paul Watzlawick zeigt in seinem Anti-Ratgeber-Buch »Anleitung zum Unglücklichsein«, wie stark negative Gedanken die zwischenmenschliche Kommunikation bestimmen können:

»Ein Mann will ein Bild aufhängen. Den Nagel hat er, nicht aber den Hammer. Der Nachbar hat einen. Also beschließt unser Mann, hinüberzugehen und ihn auszuborgen. Doch da kommt ihm ein Zweifel: Was, wenn der Nachbar mir den Hammer nicht leihen will? Gestern schon grüßte er mich nur so flüchtig. Vielleicht war er in Eile. Aber vielleicht war die Eile nur vorgeschützt, und er hat etwas gegen mich. Und was? Ich habe ihm nichts angetan; der bildet sich da etwas ein. Wenn jemand von mir ein Werkzeug borgen wollte, ich gäbe es ihm sofort. Und warum er nicht? Wie kann man einem Mitmenschen einen so einfachen Gefallen abschlagen? Leute wie dieser Kerl vergiften einem das Leben. Und dann bildet er sich noch ein, ich sei auf ihn angewiesen. Bloß weil er einen Hammer hat. Jetzt reicht's mir wirklich. – Und so stürmt er hinüber, läutet, der Nachbar öffnet, doch noch bevor er ›Guten Tag‹ sagen kann, schreit ihn unser Mann an: ›Behalten Sie Ihren Hammer, Sie Rüpel!‹«[81]

Diese Geschichte zeigt sehr anschaulich, wie schnell wir das Verhalten von anderen Menschen interpretieren und unseren Mitmenschen keine Chance geben, *vor* unserer Interpretation irgendetwas zu sagen. Die tragische Folge ist, dass wir als Menschen nicht zusammenkommen und keine Unterstützung erfahren.

Mit Selbstklärung fängt alles an

Um klar zu sehen,
genügt oft ein Wechsel der Blickrichtung.
Antoine de Saint-Exupéry

Selbstklärung ist die Voraussetzung für eine achtsame Kommunikation. Es geht darum, mit uns selbst in Kontakt zu kommen und genau wahrzunehmen, was in uns geschieht, und zwar nicht nur auf der Ebene der Gedanken, sondern auch auf der Ebene der Gefühle und Körperempfindungen. So einfach dies klingt, so wenig selbstverständlich ist eine solche Bewusstheit im Alltag. Viele Menschen sind weder mit sich selbst im Kontakt noch hat vor einem Gespräch eine ausreichende Selbstklärung stattgefunden, bei der herausgefunden wurde, was die wichtigsten Aspekte im anstehenden Gespräch sind, wo es schwierig werden könnte und wie der Blick meines Gesprächspartners auf das Thema aussehen könnte. Besonders wichtig ist es, negative Tendenzen wahrzunehmen, wie eigene Voreingenommenheit, Gereiztheit, Beleidigtsein oder Entscheidungsunfähigkeit. Die bei vielen Menschen wenig ausgebildete Selbstreflexionsfähigkeit ist ein wesentlicher Grund für viele Kommunikationsschwierigkeiten und daher macht es Sinn, wichtige Gespräche gründlich vorzubereiten.

Drei Schritte für eine Selbstklärung

- Schreiben Sie in drei klaren Sätzen auf, worum es Ihnen im anstehenden Gespräch geht und was das Ziel des Gespräches sein soll.
- Suchen Sie das Gespräch mit einem Kollegen oder einer Freundin und erzählen Sie ihm / ihr von dem anstehenden Gespräch und was Ihnen noch nicht klar ist. Vielleicht hat Ihr:e Gesprächspartner:in eine hilfreiche Rückmeldung für Sie.
- Wenn auch diese Schritte noch nicht geholfen haben, dann kann es sehr unterstützend sein, Coaching in Anspruch zu nehmen, um sich selbst zu klären.

Wie kann eine solche Selbstklärung vor einem herausfordernden Gespräch aussehen? Der *erste Schritt* besteht darin, nicht einfach loszulegen und ein Gespräch zwischen Tür und Angel zu beginnen, sondern sich zunächst hinzusetzen und sich Zeit für eine schriftliche Selbstreflexion zu nehmen. Die Schriftlichkeit ist wichtig, denn nur so finden wir genau heraus, was uns klar ist und was noch unklar ist, was wir wollen und was wir nicht wollen. Außerdem hat all das, was wir aufgeschrieben haben, eine andere gefühlsmäßige Bedeutung als ein Gedanke. Wenn wir selbst nicht in einigen Sätzen formulieren können, was uns wichtig ist, macht es keinen Sinn ein Gespräch zu führen, denn durch unsere eigene Unklarheit würde eine für alle unbefriedigende Situation geschaffen.

Dann ist es viel sinnvoller, den *zweiten Schritt* zu wagen und das klärende Gespräch mit einem Kollegen oder einer Freundin zu suchen, dem oder der ich in Ruhe mein Gesprächsanliegen erläutere und dem oder der vielleicht schon während meines Erzählens bewusst wird, wo und wie ich »herumeiere«. Die Eigenblindheit ist manchmal so groß, dass wir auf die einfachsten Dinge nicht kommen und daher dringend den Blick von außen brauchen, wenn es uns wirklich um eine gelungene zwischenmenschliche Kommunikation geht. Der Kollege oder die Freundin ist nicht in einer Abhängigkeit oder Verwicklung wie wir selbst, kann daher die Situation mit einem gesünderen Abstand erfassen und kommt vielleicht mit Ideen, auf die wir selbst niemals gekommen wären.

Man kann einen Menschen nichts lehren. Man kann ihm nur helfen, es in sich selbst zu entdecken.

Galilei

Wenn auch dieses Vorgehen uns nicht weiter bringt, dann kommen wir zum *dritten Schritt* und suchen uns professionelle Unterstützung durch einen Coach. Die Aufgabe eines Coaches ist es, uns bei der Klärung einer kommunikativen Situation zu unterstützen. Er fördert und fordert uns, er ist ein Klärungshelfer, ein Ermutiger und manchmal auch ein Provokateur.

Durch ein Coaching lernen wir unsere individuellen Denk- und Deutungsmuster genauer kennen, beleuchten die aktuelle Gesprächssituation von allen Seiten und gewinnen Klarheit bezüglich unserer individuellen Bedürfnisse. Darüber hinaus geht es darum, Handlungsalternativen auf der Basis unserer persönlichen Potentiale zu erkennen und anwenden zu lernen.

Zu einer guten Selbstklärung gehört es auch, sich darüber im Klaren zu sein, wie viel Zeit ich für das anstehende Gespräch voraussichtlich brauche und sicherzustellen, dass der Zeitpunkt und der Ort für das Gespräch passend sind.

TAO-Selbsterforschung

- Wie viel Zeit nehme ich mir für eine solide Selbstklärung im beruflichen Zusammenhang?
- Welche Einsichten habe ich durch das Prinzip der Schriftlichkeit gewonnen?
- Wie leicht oder schwer fällt es mir, meine Anliegen auf den Punkt zu bringen?
- Welche Erfahrungen habe ich bisher gemacht, mich durch Kolleg:innen, Freund:innen oder Coaches unterstützen zu lassen?

Durch achtsames Zuhören mehr verstehen

Wer es im Leben weit bringen will,
muss zwei Dinge beherrschen:
Lachen und zuhören können.
Aus der Mandschurei

Alle Menschen haben den Wunsch, verstanden zu werden, und erleben zugleich immer wieder, nicht gesehen und nicht gehört zu werden. Damit sich an diesem unerfreulichen Zustand etwas verändert, sind drei Dinge wichtig: zuhören, zuhören und nochmal zuhören. Viele Menschen halten sich für gute Zuhörer, doch die wenigsten Menschen hören achtsam zu, sondern suchen, noch während geredet wird, nach einer Antwort. Das hat damit zu tun, dass Menschen aus dem Autopiloten heraus lieber selbst reden und die Kraft des Zuhörens unterschätzen. Achtsames Zuhören ist eher eine innere Haltung als eine Technik und so gilt es sich vor einem Gespräch zu fragen: *Bin ich innerlich bereit und offen, um mit meinem Gegenüber zu sprechen?* Wenn das achtsame Zuhören zu einer Lebenseinstellung geworden ist, weil mich andere Menschen interessieren, ich neugierig auf eine Begegnung bin und mir an einem vertrauensvollen Zusammensein gelegen ist, dann ist es keine Frage mehr, dass ich mir die Zeit zum Zuhören nehme und dann ist der nachfolgende Satz selbstverständlich: *Wer wirklich etwas zu sagen hat, der hört erst einmal zu*. Die Grundlage für achtsames Zuhören ist die Einsicht, dass jeder Mensch das Potential für eine Lösung in sich trägt und ein Gegenüber braucht, der in wertschätzender und mitfühlender Präsenz da ist. Dabei sind drei Phasen des achtsamen Zuhörens zu unterscheiden: *Wahrnehmen, Verstehen und Reagieren*.

Drei Phasen des achtsamen Zuhörens

1. Wahrnehmen: Blickkontakt halten, Nicken, Pausen zulassen
2. Verstehen: Rückfragen stellen, zusammenfassen, Wünsche heraushören
3. Reagieren: Emotionales Verständnis zeigen, nicht belehren

Wir beginnen mit dem *Wahrnehmen*. In der ersten Phase geht es darum, mit Kopf und Herz interessiert, geduldig und aufmerksam zuzuhören. Wichtig ist eine zugewandte Körperhaltung, ein wacher Blickkontakt, den anderen Menschen in Ruhe aussprechen zu lassen, sich in den Gesprächspartner einzufühlen und die eigenen Gedanken und Meinungen herauszuhalten. Wenn der Sachverhalt komplex ist, dann kann es hilfreich sein, sich Notizen zu machen. Von zentraler Bedeutung ist es, wie entspannt, ruhig und gesammelt wir selbst sind. Nur so schaffen wir eine angenehme Gesprächsatmosphäre und nehmen sowohl die verbalen als auch die nonverbalen Signale des Gegenübers, aber auch unsere eigenen wahr. Das Kopfnicken ist ein Zeichen von Akzeptanz und Ermutigung und signalisiert unser Wohlwollen. Pausen gehören genauso zu einem achtsamen Gespräch wie das Reden und Zuhören, besonders wenn der andere Mensch noch nach passenden Worten für sein Anliegen oder Erleben sucht. Und auch eine kurze Stille muss nicht peinlich sein, sondern kann Wunder bewirken, denn das Gesagte und Gehörte kann nachklingen. Außerdem können wir die Erfahrung machen, dass aus der Stille noch neue Aspekte an die Oberfläche treten.

In einer zweiten Phase geht es um das *Verstehen*. Nachdem wir dem anderen Menschen konzentriert zugehört haben, nehmen wir uns jetzt die Zeit nachzufragen. Durch die Rückfragen klären wir all das, was wir noch nicht verstanden haben. Dabei kann es hilfreich sein, das Gehörte mit eigenen Worten zu wiederholen und zusammenzufassen. Ihr Gesprächspartner wird signalisieren, ob er sich verstanden fühlt oder ob noch etwas fehlt. Durch ein Nachfragen signalisieren wir Interesse am anderen Menschen, zeigen unser Bedürfnis, mehr erfahren zu wollen, und können vielleicht auch den hinter einer Aussage verborgenen Wunsch ergründen. Damit helfen wir sowohl uns als auch unserem Gegenüber, das Thema oder die Situation besser einzuordnen.

Wenn Reden Silber und Schweigen Gold ist, dann ist Zuhören Platin.
Andrzej Majewski

In der letzten Phase erlebt unser Gesprächspartner unser *Reagieren*. Bei unserer Antwort ist es von besonderer Bedeutung, für meinen Gesprächspartner emotionales Verständnis zu zeigen, ganz unabhängig davon, ob ich diesem Anliegen zustimme oder es sich umsetzen lässt. Wichtig ist, dass er sich nicht nur kognitiv, sondern auch gefühlsmäßig wertgeschätzt fühlt. Da

Ratschläge auch Schläge sind, gilt es, Empfehlungen zu unterlassen, sofern diese nicht ausdrücklich gewünscht werden. Da in einer Empfehlung immer auch ein Vorwurf oder Tadel stecken kann, dürfen wir uns hinterfragen: Ist meine Motivation für eine Empfehlung Liebe oder stelle ich mich belehrend über den anderen Menschen?

TAO-Selbsterforschung

- Welche Erfahrungen fallen mir ein, wo ich achtsames und tiefes Zuhören selbst erlebt habe?
- Fällt es mir eher leicht oder schwer, achtsam zuzuhören?
- Wie gut kann ich mich emotional auf einen Gesprächspartner einstellen?
- Wie leicht ist es mir möglich, meinen inneren Monolog zur Ruhe zu bringen, während ich einem Menschen zuhöre?
- Welche Bedeutung haben Pausen und Stille für mich in einem Gespräch?

Beobachten, ohne zu bewerten

Die höchste Form menschlicher Intelligenz
ist die Fähigkeit zu beobachten, ohne zu bewerten.
Jiddu Krishnamurti

Beobachten und Bewerten sind wichtige Aspekte der zwischenmenschlichen Kommunikation. So klar diese Unterscheidung zunächst auch scheint, so werden diese beiden Aspekte im Alltag immer wieder verwechselt oder vermischt. Wir tun uns schwer damit, einen Menschen oder sein Verhalten nur wahrzunehmen – meist ist unsere Beobachtung verbunden mit Lob, Kritik oder Verurteilung. Die Folge ist, dass sich unser Gesprächspartner schnell abgelehnt fühlt und unser Gesprächsanliegen abwehrt. Daher ist die saubere Trennung zwischen dem Beobachten und dem Bewerten auch der erste Schritt in der Gewaltfreien Kommunikation.[82]

Was ist eine Beobachtung? In der Welt der Beobachtung sehen wir nur das, was wir mit unseren Sinneskanälen wahrnehmen können und was nach menschlichen Maßstäben *objektiv* nachvollziehbar ist. Eine Beobachtung ist also eine neutrale Beschreibung von Ereignissen. Als Faustregel gilt: Eine Beobachtung ist alles, was wir mit einer Kamera aufzeichnen oder mit einem Mikrofon aufnehmen können.

Beobachtung	Bewertung
objektiv	subjektiv

Was ist eine Bewertung? Eine Bewertung ist eine *subjektive* Beurteilung, ein moralisches Urteil oder eine Schlussfolgerung aus einer Beobachtung über eine Person oder Situation. Es geht nicht darum, grundsätzlich eine Bewertung zu vermeiden, sondern dem automatischen Bewerter in uns auf die Schliche zu kommen.

Beim Üben der Achtsamkeit kommt es darauf an, dieses urteilende Wesen des Geistes, sobald es sich zeigt, zu erkennen und eine weite Perspektive zu gewinnen, indem wir uns bewusst aller Bewertungen enthalten und, so gut es geht, die Rolle des neutralen Beobachters einnehmen, der nichts tut, als zu beobachten, was geschieht, einschließlich unserer Reaktionen darauf.

Jon Kabat-Zinn[83]

Als Menschen verfügen wir über die Fähigkeit, innerhalb kürzester Zeit etwas zu beurteilen. Angesichts bedrohlicher Umstände kann diese Gabe lebensrettend sein. In vielen Alltagssituationen ist das unreflektierte Einteilen in »gut« und »schlecht«, »positiv« und »negativ« jedoch eine Verhaltensweise, die uns daran hindert, das Leben in seiner ganzen Vielschichtigkeit wahrzunehmen. Wir haben uns so sehr an unsere moralischen Urteile, Vorurteile, Festschreibungen und an das Eigenleben unseres denkenden Geistes gewöhnt, dass wir dessen Kategorisierung meist ungeprüft übernehmen und für objektive Wahrheit halten.

Beobachtung	Bewertung
Eva lernt erst am Abend vor der Prüfung.	Eva schiebt die Dinge vor sich her.
Die Besprechung hat für mich keine klare Struktur.	Das ist hier eine reine Zeitverschwendung.

Es gibt eine Vielzahl von konfliktfördernden Bewertungen: Urteile (»Du bist Schuld.«), Diagnosen (»Er macht auf mich einen leicht paranoiden Eindruck.«), Vergleiche (»Sie leisten weniger als der Rest der Abteilung.«), bewertende Adjektive (»Die Azubis gehen schlampig mit unserer Technik um.«), Vermischung von Annahmen und Beobachtungen (»Die Steuerreform dient nur den Reichen.«), Verallgemeinerungen (»Sie ist immer super angezogen.«) und Analysen mit Objektivitätsanspruch (»Gelb ist die einzige Farbe, die zu diesem Raum passt.«).[84]

Gäbe es immer nur eine Wahrheit, könnte man von einem Thema keine hundert Bilder malen.

Pablo Picasso

Wie sieht ein Ausweg aus dem unbewussten Bewerten aus? Es ist eine lohnende Praxis, immer wieder neu aufkommende Gedanken zu hinterfragen und aus einer inneren Haltung des Nicht-Wissens die Gedanken zu erforschen. Und sich zu fragen, ob der Mensch oder die Situation nicht vielleicht doch auch anders gesehen werden kann, als ich es spontan getan habe. Schon Epictetus hat herausgefunden: *Nicht die Tatsachen selbst machen das Leben schwer, sondern unsere Bewertung der Tatsachen.*

Wenn wir unterscheiden zwischen einer Beobachtung und einer Bewertung, dann wird deutlich, dass wir die Freiheit haben, einen Menschen oder eine Situation auch anders zu beurteilen. Wir können wählen, wie wir auf einen Reiz reagieren wollen.

TAO-Selbsterforschung

- Warum ist es nützlich, zwischen Beobachtung und Bewertung zu unterscheiden?
- Weiß ich, wann ich im Alltag eher beobachte und wann ich eher bewerte?
- Was sind meine beliebten Vorurteile und moralischen Urteile?
- Was konnte ich bei dem Menschen, mit dem ich gerade Schwierigkeiten habe, sehen und hören und was sind die sachlich überprüfbaren Fakten?

Gefühle wahrnehmen und ausdrücken

Menschen, die sich sehr intensiv emotional äußern,
möchten gerne eine Wiedergabe ihrer Gefühle hören.
Marshall B. Rosenberg

Gefühle sind wertvolle Signale, die Auskunft geben über unsere Bedürfnisse. So wie die Kontrollleuchten im Auto dazu dienen, den Fahrer auf eine Veränderung oder einen Defekt am Fahrzeug hinzuweisen, so sind Gefühle unser Feedbacksystem für unsere Bedürfnisse. Erleben wir angenehme Gefühle, sind unsere Bedürfnisse erfüllt, erleben wir unangenehme Gefühle, dann wird deutlich, dass uns etwas fehlt. Je intensiver eine emotionale Reaktion ist, umso dringlicher ist unser Bedürfnis.

Angenehme Gefühle bei erfüllten Bedürfnissen (eine Auswahl)
begeistert, berührt, erfreut, froh, heiter, inspiriert, lebendig, ruhig, still, vergnügt, wach, offen, zuversichtlich, glücklich, friedlich, neugierig
Unangenehme Gefühle bei unerfüllten Bedürfnissen (eine Auswahl)
ängstlich, ärgerlich, bedrückt, erschrocken, erstarrt, frustriert, geladen, hilflos, nervös, schockiert, unglücklich, verzweifelt, wütend, zornig

Für achtsame zwischenmenschliche Kommunikation ist es förderlich, auf Bewertungen und Vorwürfe zu verzichten und von den eigenen Gefühlen zu sprechen. Doch das ist gar nicht so einfach, weil wir dazu erzogen worden sind, »außenorientiert« zu leben und uns ständig mit unseren Gedanken zu beschäftigen, anstatt mit uns selbst in Verbindung zu sein und unsere Gefühle wahrzunehmen.

Echte Gefühle sind Angst, Ärger, Freude, Überraschung, Trauer, Ekel und Verachtung. Diese Gefühle sind körperlich erlebbar und können bei allen Menschen beobachtet werden. Und ihnen kann eine Ich-Botschaft vorangestellt werden. Daher lautet eine Faustregel für ein echtes Gefühl: »Ich bin …« anstatt »Ich fühle mich …«. Ein achtsamer Umgang mit Gefühlen besteht darin, mit Neugierde und Offenheit bei dem Gefühl zu bleiben. Dies gelingt am besten, wenn wir zunächst unsere Aufmerksamkeit auf den Atem richten, denn Gefühle können nicht gefühlt werden, wenn wir »im Kopf sind«. Wenn wir nachdenken, wenden wir uns von unseren Gefühlen ab und sie werden in uns stärker. Wenn wir die Gefühle jedoch fühlen, auch wenn es sich um schmerzliche Gefühle handelt, dann werden sie sich nach einiger Zeit wieder auflösen. Auch hier gilt: *Akzeptanz ist die Veränderung.*

Die meisten Gefühlsäußerungen im Alltag sind keine echten Gefühle, sondern Gedanken, Interpretationen, Anklagen und Schuldzuweisungen. Wir sprechen in diesem Zusammenhang von Pseudo- und Opfergefühlen. Ein Pseudo- oder Opfergefühl beinhaltet immer einen »Täter«, was bedeutet, dass ich einem anderen Menschen die Schuld für meine Gefühle gebe. Auf diese Weise wird der andere angeklagt oder verurteilt und ich selbst verweile in Ohnmacht und Hilflosigkeit. Damit erspare ich mir die Reflexion meiner eigenen emotionalen Verstrickung und brauche mich auch nicht auf die Suche nach Lösungen zu begeben, wie die Bedürfnisse ernstgenommen und vielleicht sogar befriedigt werden können.

Pseudo- und Opfergefühle
angegriffen, ausgenutzt, benutzt, eingeengt, herabgesetzt, manipuliert, nicht beachtet, nicht verstanden, übergangen, verletzt, zurückgewiesen

Die Übernahme von Verantwortung für eigene Gefühle ist ein zentraler Meilenstein beim Erlernen der Gewaltfreien Kommunikation.

Al Weckert

Der klassische Ausspruch »Ich fühle mich …, weil Du …« macht mich abhängig von anderen Menschen und übersieht, dass ein Gefühl zwar von einem anderen in mir ausgelöst werden kann, jedoch die Bewertung und die Reaktion von meinen Bedürfnissen und Handlungsmöglichkeiten bestimmt sind. Daher übernehmen Menschen, die das Prinzip der Selbstverantwortung[85] verinnerlicht haben, die Verantwortung für *alle* Gefühle und ihre dahinter liegenden Bedürfnisse.

Für viele Menschen ist es nicht einfach, Gefühle wahrzunehmen und auszudrücken. Dazu kommt, dass wir oft das Wort *fühlen* gebrauchen, obwohl es gar kein Gefühl ausdrückt. Es gilt also zu unterscheiden zwischen Wörtern, die Gefühle ausdrücken und Wörtern, die beschreiben, was wir denken. Im nachfolgenden Beispiel geht es um ein Gefühl: »Ich fühle mich als Mitarbeiter frustriert über mich selbst.« – Eine Beschreibung unseres Denkens hört sich so an: »Ich fühle mich als Mitarbeiter unzulänglich.« Auch eine Formulierung »Ich fühle mich gut oder schlecht« bringt nicht wirklich zum Ausdruck, was ich fühle. Daher ist eine wesentliche Grundlage, um einfühlsam miteinander zu sprechen, unsere Gefühle klar und deutlich beschreiben zu können.

TAO-Selbsterforschung

- Wie unterscheide ich Gefühle von Gedanken, und wie erkenne ich, wenn sich Gefühle und Gedanken vermischen?
- Woran erkenne ich ein Gefühl bei mir und bei anderen?
- Wie teile ich anderen meine Gefühle mit?

Verantwortung für Gefühle und Bedürfnisse übernehmen

Was andere sagen oder tun,
mag ein Auslöser für unsere Gefühle sein,
ist aber nie ihre Ursache.
Marshall B. Rosenberg

Die Äußerungen von anderen Menschen sind oft ein *Auslöser* für unsere Gefühle, aber nicht ihre *Ursache*. Wir selbst entscheiden, wie wir etwas sehen wollen und wie wir mit unseren Gefühlen umgehen. So herausfordernd es auch immer wieder neu in einer emotional geladenen Situation ist: Unsere Aufgabe ist es zu erkennen, welches *Bedürfnis* hinter unserem Gefühl steckt und sowohl klar als auch freundlich auszusprechen, was wir brauchen.

Doch was sind die grundlegenden Bedürfnisse eines Menschen? Bedürfnisse sind das eigentliche Anliegen oder anders ausgedrückt: ein Mangel mit dem Wunsch, ihn zu beheben. Bedürfnisse sind bei allen Menschen mehr oder weniger gleich und doch ist es für viele Menschen schwer, die eigenen Bedürfnisse zu erkennen und angemessen zu formulieren. Fünf verschiedene Bedürfnisebenen werden nachfolgend vorgestellt:

- Körperliche Bedürfnisse: Atmung (saubere Luft), Wärme (Kleidung), Trinken (sauberes Trinkwasser), Essen (gesunde Nahrung) und Schlaf (Ruhe und Entspannung)
- Sicherheitsbedürfnisse: Stabilität, Ordnung, Schutz, Freiheit von Angst und Chaos, Struktur, Gesetz, Vorsorge und Gesundheit
- Soziale Bedürfnisse: Kommunikation, Verbindung, Freundeskreis, Partnerschaft, Nähe, Zuneigung, Liebe und Sexualität
- Wertschätzungsbedürfnisse: Selbstachtung, Anerkennung, Mitgefühl, Respekt, Ansehen, Stärke, Leistung, Kompetenz und Macht
- Selbstverwirklichungsbedürfnisse: Persönlichkeitsentwicklung, Sinn, Inspiration, Kreativität, Spiritualität und Suche nach Wahrheit

Bedürfnisse sind ein Zeichen unserer Lebendigkeit.

Nayoma Viktoria de Haen, Torsten Hardieß

Bedürfnisse bilden unseren Kompass, und ein Blick auf unsere Kompassnadel zeigt uns, was wir *jetzt* brauchen, damit unsere Bedürfnisse angemessen erfüllt werden können. Vor dem Hintergrund, dass viele Mitarbeiter:innen sich beispielsweise Anerkennung und Wertschätzung wünschen und diese viel zu selten erhalten, ist es wenig hilfreich auf ein lobendes Wort zu warten. Konstruktiver ist es, sich selbst zu loben und dabei die Erfahrung zu machen, dass Eigenlob *nicht* stinkt, sondern das Wohlbefinden fördert. Auch ist es möglich, eine Führungskraft um ein Gespräch zu bitten, um zu erfahren, was dieser Mensch an mir wertschätzt und zugleich die Führungskraft zu fragen, welchen Wunsch sie an mich hat.

Um herauszufinden, welche Bedürfnisse ein Gesprächspartner hat, helfen die nachfolgenden Fragen: *Geht es Ihnen um Information oder Orientierung? Wünschen Sie zu verstehen, was der Hintergrund für die Entscheidung gewesen ist? Brauchen Sie gerade noch Zeit zum Nachdenken? Ist Ihr Anliegen, dass ich dieses oder jenes tue? Wünschen Sie sich meine Unterstützung?* Entscheidend sind unser aufrichtiges Interesse und unser Wunsch, die Bedürfnisse durch diese oder andere Fragen herausfinden zu wollen.

Gar nicht so selten unterdrücken Menschen ihre Bedürfnisse, so dass der Begründer der Gewaltfreien Kommunikation Marshall B. Rosenberg von der Entwicklung von emotionaler Sklaverei zu emotionaler Befreiung spricht. Er unterscheidet dabei drei verschiedene Stadien. Das *erste Stadium* nennt er *emotionale Sklaverei,* in diesem Stadium übernehmen wir die Verantwortung für die Gefühle anderer. Wir sind der Meinung, dass wir durch unser Verhalten andere Menschen glücklich machen müssen. Dabei werden die eigenen Bedürfnisse verleugnet, um auf die Bedürfnisse des anderen Menschen einzugehen. Im *zweiten rebellischen Stadium* ärgern wir uns und wollen für die Gefühle anderer nicht länger verantwortlich sein. Die Situation ist für uns unerträglich geworden, und wir wollen es dem Partner oder der Partnerin nicht mehr recht machen. Wir bemerken in dieser Phase, dass wir nicht auf unsere innere Stimme gehört haben, werden vielleicht wütend und geben motzige Kommentare ab: »Das ist *Dein* Problem!« oder »Für Deine Gefühle bist *Du* verantwortlich!« Im *dritten Stadium* geht es um die *emotionale Befreiung.* Wir übernehmen die Verantwortung für unsere Handlungen. Jetzt ist es uns möglich, nicht aus Angst oder Schuld, sondern aus Mitgefühl auf die Bedürfnisse von anderen Menschen zu reagieren. Wenn wir Kritik an unserem Verhalten hören, dann neigten wir in der Vergangenheit dazu, uns zu verteidigen oder einen Gegenangriff zu starten. Viel heilsamer ist es, einen Moment innezuhalten, den Atem zu spüren, sowohl die Gefühle als auch die Bedürfnisse wahrzunehmen und so besonnen wie möglich zu antworten. Sowohl die eigene als auch die Bedürfnisbefriedigung von anderen Menschen liegt uns jetzt am Herzen. Entscheidend ist: Wir übernehmen die Verantwortung für unsere *eigenen* Gefühle, nicht aber für die Gefühle anderer Menschen.

TAO-Selbsterforschung

- Welche Bedürfnisse sind mir wichtig?
- Welche Bedürfnisse werden in meinem Leben eher leicht erfüllt?
- Welche Bedürfnisse werden in meinem Leben nicht erfüllt?
- Was kann ich tun, damit meine Bedürfnisse in Zukunft besser erfüllt werden?

Um das bitten, was unser Leben bereichert

Was genau sollen andere Menschen tun,
damit Ihr Leben besser für Sie wird?
Marshall B. Rosenberg

Manchmal gibt es einen ganz einfachen Weg, um aus einer schwierigen Situation herauszukommen. Die nachfolgende Kurzgeschichte handelt von einer Todesliste eines Bären und einem mutigen Hasen:

In einem Wald herrscht große Aufregung, denn es geht das Gerücht um, dass der Bär eine Todesliste hat. Die Waldbewohner fragen sich, wer denn nun genau von ihnen auf dieser Liste steht. Der Hirsch ist der erste, der all seinen Mut zusammennimmt und den Bären fragt, ob er auf seiner Liste steht. Dies bejahte der Bär. Der Hirsch dreht sich voller Angst um und läuft schnell weg. Zwei Tage später wird der Hirsch tot aufgefunden. Die Angst unter den Tieren wurde immer größer und die Gerüchteküche über die Namen auf der Liste brodelte. Das Wildschwein war das zweite Tier, welches den Bären aufsucht und sich bei ihm erkundigt, ob er auch auf der Liste stehe. Auch diese Frage bejahte der Bär wieder. Und auch das Wildschwein, welches nach dieser Antwort verschreckt das Weite sucht, wird zwei Tage später tot aufgefunden. Nun bricht Panik im Wald aus. Nur der Hase, einer von den kleinsten Waldbewohnern, traut sich noch zum Bären. Auch er erkundigt sich, ob er auf der Liste steht. Auch dieses bejahte der Bär. Anstatt wie der Hirsch und das Wildschwein erschrocken zu gehen, fragte der mutige Hase weiter: »Kannst du mich da streichen?« »Ja, klar!«, sagte der Bär. »Das ist kein Problem.«

Probleme nur anzusprechen, ohne eine konkrete Lösung vorzuschlagen, ist ein Fehler, der auch im menschlichen Miteinander häufig gemacht wird.

Stephanie Schnichels

Diese eindrückliche Kurzgeschichte macht deutlich, wie wichtig es ist, zu einer konkreten Lösung zu kommen und regt darüber hinaus an, sich ein paar Fragen zu stellen: Was und wieviel nehme ich in meinem Leben so hin, ohne es wirklich zu hinterfragen? Welche Verhaltensweisen anderer kopiere ich, ohne darüber nachzudenken? Woran hindert mich meine Angst? Was brauche ich, um einen Schritt weiter zu gehen, als es die anderen tun und meine Bitte klar und deutlich zu äußern?

Mit der bewussten Formulierung einer Bitte sind wir auf der konkreten Handlungsebene angekommen. Wir brauchen ein klares Bewusstsein für einen Lösungsvorschlag, doch oft sind wir uns nicht bewusst, um was wir bitten wollen. Doch je klarer wir dies wissen und auch äußern, desto wahrscheinlicher ist es, dass unsere Wünsche in Erfüllung gehen.

Damit wir uns nicht selbst ein Bein stellen, ist es wichtig, dass wir unsere Bitten in einer angemessenen Weise äußern. Bitten haben eine gute Aussicht auf Erfolg, wenn sie:

- positiv formuliert sind,
- klar und konkret sind,
- umsetzbar sind,
- überprüft werden können.

Zwei Aspekte gilt es noch in den Blick zu nehmen. Die eine Gefahr bei einer Bitte besteht darin, dass die Aussagen unklar, zweideutig und missverständlich sind. Sie werden daher auch als »fromme Wünsche« bezeichnet. Ein Beispiel: »Kommen Sie bitte rechtzeitig zur Besprechung.« Eine eindeutige Aussage wäre: »Bitte kommen Sie fünf Minuten vor unserer Besprechung, die um 15 Uhr angesetzt ist, in unseren Raum. Der zweite Aspekt betrifft die Unterscheidung zwischen einer Bitte und einer Forderung. Eine Bitte ist ein Vorschlag und mein Gegenüber fühlt sich innerlich frei, dieser Bitte nachzukommen oder diese Bitte abzulehnen. Eine Bitte ist ein Lösungsvorschlag und über einen Vorschlag ist es möglich, gleichberechtigt miteinander zu sprechen. Eine Forderung macht den Raum eng und der andere Mensch muss so reagieren, wie ich es mir wünsche. Die Folgen sind entweder Unterwerfung oder Rebellion. Wodurch erkenne ich den Unterschied zwischen einer Bitte und einer Forderung? Wenn ich Ärger in mir spüre, wenn mein Gesprächspartner meinen Lösungsvorschlag ablehnt, dann war dieser Vorschlag eine Forderung. Eine Bitte lässt die Freiheit, Ja oder Nein zu sagen.

Über das Äußern von Wünschen schreibt Marshall B. Rosenberg: »Meine Theorie ist, dass wir depressiv werden, weil wir das, was wir wollen, nicht bekommen; und wir bekommen nicht, was wir wollen, weil uns nie beigebracht wurde, das zu bekommen, was wir wollen. Stattdessen haben wir gelernt, brave kleine Jungs und Mädels und gute Mütter und Väter zu sein. Wenn wir eine von diesen guten Eigenschaften haben, gewöhnen wir uns am besten gleich daran, depressiv zu werden. Depression ist die Belohnung fürs Bravsein. Aber wenn Sie sich besser fühlen wollen, dann möchte ich Sie bitten herauszufinden, was sie sich wünschen. Was genau sollen andere Menschen tun, damit Ihr Leben besser für Sie wird?«[86]

TAO-Selbsterforschung

- Was ist es, was ich haben will und bisher nicht bekomme?
- Wie leicht oder schwer fällt es mir, klare und konkrete Bitten zu formulieren?
- Was tue ich, wenn eine Bitte abgelehnt wird?
- Wie selbstverständlich ist es für mich, Lösungsvorschläge zu unterbreiten?

Feedback annehmen und geben

Feedback ist eine Chance, kein Angriff.
Paul Watzlawick

Ein Feedback zu geben bedeutet, einem Menschen eine Rückmeldung zu geben. Wir informieren den anderen, wie wir ihn erlebt haben und wie dies auf uns gewirkt hat. Feedback kann eine Bestätigung oder eine Anregung sein, auf jeden Fall ist sie eine Chance, um die eigene Wahrnehmung zu erweitern. Sie ist eine selektive, situative und subjektive Wahrnehmung einer anderen Person und keine Beurteilung und auch kein Vorwurf. Doch die Angst vor Kritik und Ablehnung ist bei vielen Menschen sehr groß, was zur Folge hat, dass viele Menschen den Wert eines Feedbacks nicht erkennen und darum auch nicht um ein Feedback bitten, sondern in die Defensive gehen oder sich rechtfertigen. Die Wurzel für dieses ängstliche Verhalten ist ein schwaches Selbstwertgefühl. Dies hat zur Folge, dass wir versuchen, anderen Menschen zu gefallen und Kritik um jeden Preis vermeiden wollen. Eigene Gedanken und Gefühle werden nicht geäußert, Konfrontationen gehen wir aus dem Weg und sehnen uns nach Lob und Anerkennung, um uns auf diese Weise nicht mehr als »wertlos« oder als »nicht o. k.« erleben zu müssen. Was also tun, wenn wir keinen Gefallen mehr an diesem defensiven Verhalten haben? Wir sind eingeladen, uns selbst lieben zu lernen, das heißt, uns mit all unseren Stärken und Schwächen anzunehmen und zu verstehen, dass wir – wie *alle* Menschen – Licht- und Schattenseiten haben. Menschsein bedeutet immer, unperfekt zu sein und zu bleiben. Auf diese Weise gewinnen wir innere Sicherheit und Unabhängigkeit von der Meinung anderer Menschen. Dadurch können wir uns jetzt auch angstfreier und neugieriger anderen Sichtweisen öffnen, die wir in neu gewonnener Freiheit sowohl annehmen als auch ablehnen können.

Wenn es um die Unterschiede zwischen Selbst- und Fremdwahrnehmung geht, dann ist die von Joseph Luft und Harry Ingham entwickelte Grafik sehr hilfreich. Mit diesem Modell ist es möglich, Kommunikationsprobleme zwischen Menschen zu verstehen und zu lösen. Dabei werden vier verschiedene Bereiche unterschieden: die öffentliche Person, die private Person, der blinde Fleck und das Unbekannte.

Der erste Bereich steht für die *öffentliche Person* und enthält alles, was mir selbst und anderen bewusst ist. Dazu zählen äußere Merkmale, persönliche Eigenschaften und innere Haltungen. Je mehr Menschen voneinander wissen, umso besser funktioniert die Zusammenarbeit. Der Bereich der öffentlichen Person kann vergrößert werden, wenn ich mich anderen Menschen gegenüber offen, ehrlich und authentisch verhalte und beispielsweise auch über meine Schwächen und Schattenseiten spreche.

Der zweite Bereich, die *private Person*, ist mir bekannt und den anderen unbekannt. Wir sprechen hier von den persönlichen Geheimnissen, die verborgen bleiben sollen. Wenn wir über ein gesundes Selbstbewusstsein verfügen und Vertrauen in andere Menschen haben, dann ist dieser Bereich eher kleiner; wenn wir ängstlich oder misstrauisch sind, dann ist dieser Bereich größer. Wenn es möglich ist, persönliche Geheimnisse mit anderen Menschen zu teilen, dann brauchen wir viel weniger Energie für die Geheimhaltung und der Handlungsspielraum in der Öffentlichkeit vergrößert sich.

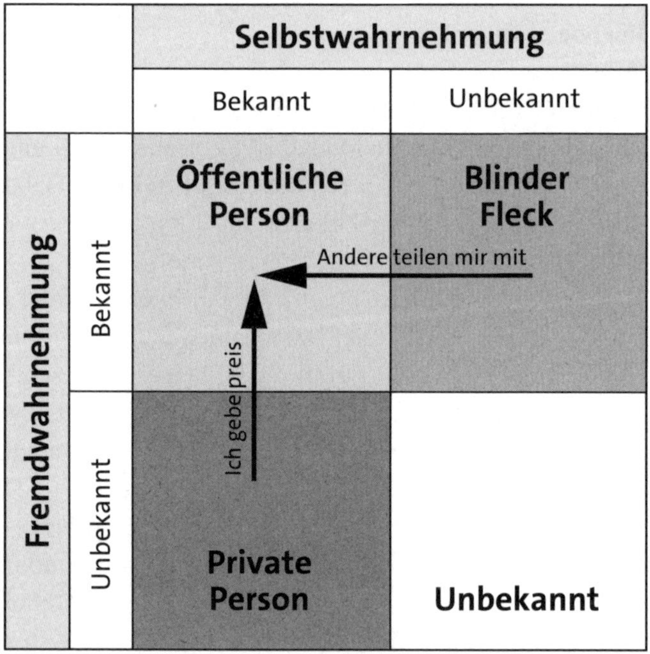

Der *blinde Fleck*, der dritte Bereich, bezeichnet alles, was ich an mir selbst nicht wahrnehme, was aber andere wahrnehmen. Wenn ich ein Feedback über mein unbewusstes Verhalten oder meine Körpersprache bekomme und annehmen kann, dann wird dieser Bereich kleiner. Bei einer kritischen Information kann ich mein Verhalten verändern oder mich über ein positiv erlebtes Verhalten von mir, was mir vielleicht nicht bewusst gewesen ist, freuen.

Das *Unbekannte* ist der vierte und letzte Bereich und handelt von allem, was weder mir noch anderen bewusst ist. Dieser unbewusste Bereich ist meist sehr groß. Es handelt sich beispielsweise um Erinnerungen, die mir nicht mehr zur Verfügung stehen, oder Begabungen, die ich noch nicht entdeckt habe. Dieser Bereich kann erforscht und verkleinert werden durch Selbstreflexionen, den Besuch von Weiterbildungen, das Lesen von inspirierenden Büchern sowie durch Psychotherapie und Coaching.

Sich von diesem Modell inspirieren zu lassen, hat verschiedene Vorteile: Unbewusste Verhaltensweisen werden mir bewusst, meine Schwächen kann ich anerkennen und daran arbeiten, durch die Informationsweitergabe muss ich mich viel weniger anspannen und mein Handeln wird für andere Menschen transparenter. Außerdem erhöhen sich das gegenseitige Verständnis und die Achtsamkeit in den Beziehungen.

Wichtig ist bei einem Feedback, dass es beschreibend und nicht bewertend ist, die Rückmeldung klar und genau formuliert ist und veränderbare Verhaltensweisen angesprochen werden.

Zum Abschluss eine Übung, mit der Sie das Erbitten von Feedback einüben können: Bitten Sie fünf Familienangehörige oder Freunde um ein Feedback. Fragen Sie, was diese Menschen an Ihnen besonders schätzen und schreiben Sie sich alle Antworten auf. Eine Woche später fragen Sie die gleichen Menschen, ob es *einen* Aspekt gibt, der diesen Menschen mit Ihnen Mühe bereitet, und schreiben Sie auch all das auf. In der dritten und vierten Woche fragen Sie in der gleichen Weise Ihre Kolleg:innen und machen sich wieder Notizen. Zunächst geht es um ein positives Feedback und dann um ein kritisches Feedback. Am Ende der vier Wochen nehmen Sie sich ausführlich Zeit für eine Selbstreflexion und schreiben Sie auf, was Sie über sich gelernt haben.

TAO-Selbsterforschung

- Was sind meine wichtigsten Stärken und Schwächen?
- Wie offen und neugierig bin ich, ein Feedback zu erhalten?
- Wie mutig bin ich, in einer für mich schwierigen Situation Feedback zu geben bzw. zu erhalten?

Konflikte konstruktiv lösen

Störungen und Betroffenheit haben Vorrang, ob wir es wollen oder nicht! Es kommt nur darauf an, wie wir mit ihnen umgehen – darin liegt ein Teil unserer Freiheit.
Ruth C. Cohn

Störungen, Konflikte und Krisen machen uns gewöhnlich mehr Angst, als wir uns zugestehen. Die meisten von uns haben in der Vergangenheit eher einen destruktiven als einen konstruktiven Umgang mit schwierigen Situationen erlebt. Spontan sehen wir daher in einer Störung und Krise eher die »Gefahr« und »schwierige Situation« als die »Wende« und »Chance«. Viele von uns wollen sich nicht stören lassen und wenn die Störung schon unübersehbar geworden ist, dann wollen wir sie so schnell wie möglich beseitigen. Ein angemessener Umgang mit schwierigen Situationen bedeutet daher, die Störung bzw. den störenden Menschen zu akzeptieren, »Ja« zu sagen zu dem, was jetzt gerade im Raum ist. Wer sich öfters Störungen, Betroffenheiten und Konflikten zugewandt hat, weiß, dass es um das Verstehen der Aufmerksamkeitsverschiebungen geht. Die Störung zeigt mir etwas, was ich bisher nicht gesehen bzw. nicht wichtig genug genommen habe: »Das Wort Störung suggeriert, dass es auf der einen Seite einen guten, sinnvollen Prozess gibt, der nur – leider – gestört wird. Es gibt keine

Störungen, es gibt nur noch nicht verstandene Reaktionen«, sagt Hartmut Raguse. Nicht verstandene Reaktionen sind keinesfalls Ausnahmesituationen des Lebens und sie sind auch nicht vermeidbar. »Störungen« sind ein selbstverständlicher Bestandteil des Lebens, denn wo Menschen miteinander zu tun haben, gibt es immer beides: Verstehen und Befremden, Begeisterung und Langeweile, Nähe und Distanz. Eine Begegnung zwischen Menschen ist daher nur bedingt planbar und beeinflussbar. Realität ist: Die Lebendigkeit von Menschen kann uns in jedem Moment neu überraschen! Und im Nachhinein sind wir manchmal sogar dankbar für den Umweg, den die »Störung« ausgelöst hat.[87]

Im Umgang mit menschlichen Konflikten ist entscheidend, die Bearbeitung einer Störung nicht auf die lange Bank zu schieben, sondern so schnell wie möglich mit der Selbst- und Konfliktklärung zu beginnen. Wesentlich sind die innere Haltung (z. B. Offenheit, Neugierde) und die unterschiedlichen Ideen (z. B. Strukturierung des Klärungsgespräches, intuitive Einfälle), um den Konflikt zu klären. Die Beachtung einiger Spielregeln ist hilfreich, damit ein Konfliktgespräch gelingt: Sich so sachlich und konkret wie möglich äußern, den anderen Menschen ausreden lassen, auch wenn es mir schwerfällt, Wertschätzung zeigen, indem ich mich innerlich in den anderen Menschen hineinversetze und die Beweggründe des anderen verstehe und respektiere, immer wieder neu das Verbindende in den Blick nehmen und zuletzt Kompromissbereitschaft zeigen.

In einem Konfliktgespräch gilt es zu erkennen und auszuloten, welche verschiedenen Wahlmöglichkeiten ich habe, und eine bewusste Wahl zu treffen. Ich kann *nachgeben* und nehme meine Interessen nicht so wichtig. Die Gefahr ist, dass der Konflikt weiter schwelt und zu einem späteren Zeitpunkt vielleicht noch viel heftiger zu Tage tritt. Oder ich wähle die *Flucht* und ignoriere das Problem. Bei kleineren Problemen kann dies eine Lösung sein, wenn meine innere Haltung von Toleranz und Respekt gekennzeichnet ist, doch bei den meisten Schwierigkeiten ist diese Wahl eine Scheinlösung. Beim *Kampf* will ich meine eigenen Interessen durchsetzen und nehme wenig Rücksicht auf die Belange des anderen. Der unterlegene Mensch verhält sich anschließend vielleicht angepasst, doch eine Akzeptanz für die Entscheidung wird es nicht geben. Eine weitere Option ist das Finden eines *Konsenses*. Im Mittelpunkt der Bemühungen steht der Wunsch nach einer Win-win-Situation. Nachdem die beiden Konfliktparteien ihre Interessen offengelegt haben und sich dadurch besser verstehen, finden Sie gemeinsam eine konstruktive Lösung, mit der beide gut leben können. Manchmal gelingt auch ein *Kompromiss*. Der Kompromiss lebt von der Achtung der Position des anderen. Er ist dadurch gekennzeichnet, dass beide Seiten aufeinander zugehen und die Bereitschaft haben, Zugeständnisse zu machen.

Konflikte sind fast immer mit unangenehmen Gefühlen verbunden, und zwar solchen, die in uns schon in Wartestellung lauerten. Der andere Mensch hat lediglich unsere »Knöpfe« gedrückt. John Gray illustriert dies an einem eindrücklichen Bild: »Stellen Sie sich vor, jemand streift Ihren Arm oder stößt Sie auf der Straße aus Versehen an. Es tut nicht besonders weh. Jetzt stellen Sie sich vor, Sie haben eine offene Wunde oder eine wunde Stelle, und jemand streift sie dort oder stößt sie an. Das tut weh. Genauso sind wir, wenn ungelöste Emotionen aus der Vergangenheit in unser Leben treten, besonders sind wir durch die normalen Reibereien einer Beziehung verletzlich.«[88] 90 Prozent aller unangenehmen Gefühle bei Erwachsenen haben nichts mit der aktuellen Situation zu tun. Es handelt sich um unterdrückte Gefühle aus der Vergangenheit, die bei einer »passenden« Gelegenheit zum Vorschein kommen. Daher ist es von zentraler Bedeutung herauszufinden, warum ich so heftig reagiert habe und *welche »alten« Gefühle aktiviert worden sind.*[89] Es ist wichtig, die Verantwortung für diese Gefühle zu übernehmen, anstatt sie meinem Partner in die Schuhe zu schieben, und vielleicht in einem Konfliktgespräch meinen inneren Hintergrund zu offenbaren.

TAO-Selbsterforschung

- Wie ist es um meine Fähigkeit zum Kompromiss bestellt?
- Welche gelungenen Konfliktlösungen fallen mir spontan ein?
- Was fällt mir bei der Lösung eines Konfliktes schwer?
- Welche »alten« Gefühle verschärfen bei mir eine Konfliktsituation?

Reflexionsveranstaltung

Wenn das Vertrauen hoch ist,
ist Kommunikation einfach, schnell und effektiv.
Stephen R. Covey

Kommunikation ist die Grundlage für jede Beziehung. Man kann nicht »nicht kommunizieren«, so der bekannte Kommunikationswissenschaftler Paul Watzlawick, denn Kommunikation findet immer statt und zwar sowohl auf der verbalen als auch auf der nonverbalen Ebene. Die Fähigkeit zur achtsamen Kommunikation ist eine der zentralen Schlüsselqualifikationen im privaten[90] und beruflichen Miteinander. Sie steigert sowohl die Produktivität als auch die Motivation der Mitarbeiter:innen und Führungskräfte, und eine kooperative Kommunikationskultur trägt zu einer massiven Kostensenkung bei. Nach einer Studie des Hernstein-Instituts werden durchschnittlich über 15 Prozent der täglichen Arbeitszeit durch Konflikte gebunden und Führungskräfte wenden sogar 30–50 Prozent der Arbeitszeit für den Umgang mit Konflikten auf. Gehen Sie daher in der zwischenmenschlichen Kommunikation stets davon aus, dass im Zweifelsfalle nichts klar ist, und investieren Sie großzügig in achtsame Kommunikationsentwicklung, denn eine Vernachlässigung dieses Themas ist für eine Organisation meist sehr viel teurer.

Auch das zweite achtwöchige Achtsamkeitstraining endet mit einer Reflexionsveranstaltung, in der das Training der achtsamen Kommunikationsentwicklung mit den Teilnehmenden besprochen wird. Die Teilnehmenden haben die Gelegenheit mitzuteilen, welche Themen ihnen besonders wichtig geworden sind, welche Themen sie noch vertiefen wollen und welche Themen ihnen gefehlt haben. Die Teilnehmenden erhalten den Literaturtipp »*Gewaltfreie Kommunikation. Aufrichtig und einfühlsam miteinander sprechen*« von Marshall B. Rosenberg, so dass sie das Thema der achtsamen Kommunikationsentwicklung in eigener Regie vertiefen können.

Wenn sich in der Reflexionsveranstaltung herausstellen sollte, dass dieser Themenkomplex vertieft werden sollte oder muss, dann ist es möglich, ein Vertiefungstraining anzubieten und gemeinsam zu beschließen, welche der nachfolgenden (oder andere) Themen trainiert werden sollen: Grundlagen und Gesetzmäßigkeiten der Kommunikation, die vier Ebenen menschlicher Kommunikation (Sachinhalt, Beziehung, Selbstoffenbarung und Appell), Unterscheidung von Sach- und Beziehungsebene, Körpersprache und ihre Auswirkung auf die Kommunikation, Fragetechniken, Macht in der Kommunikation, Kommunikationsfallen und »Kommunikationskiller«, zielorientierte Gesprächsvorbereitung und -nachbereitung, persönliche Kommunikationsmuster erkennen und verbessern.

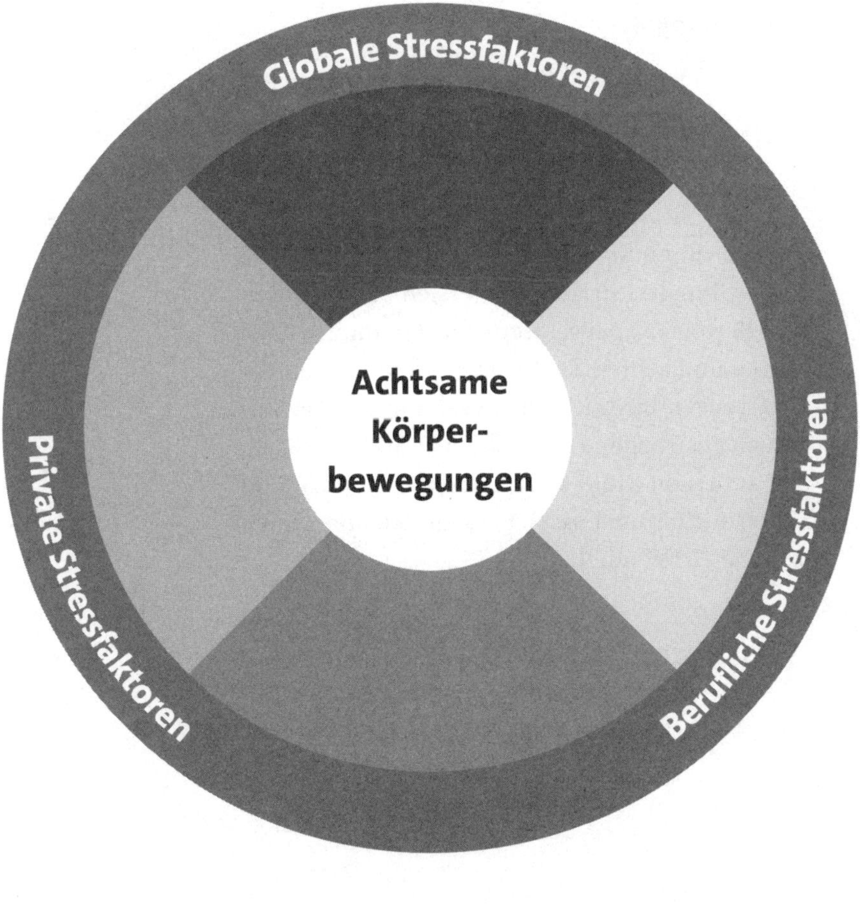
Globale Stressfaktoren
Achtsame Körper-bewegungen
Private Stressfaktoren
Berufliche Stressfaktoren

TAO-Übung 4:

Achtsame Körperbewegungen

Nehmen Sie sich jetzt Zeit für *achtsame Bewegungen*. Hören Sie auf der beiliegenden CD 1 die TAO-Übung 4. Erlauben Sie sich immer dann eine Bewegungspause, wenn Sie den Impuls dazu spüren und achten Sie bei allen Bewegungen auf die Grenzen Ihres Körpers. Wenn Ihnen das Stehen zu anstrengend wird, können Sie sich jederzeit auf einen Stuhl setzen und die Übungen im Sitzen ausführen. Lassen Sie sich Zeit, die Übung in Ruhe zu beenden.

Modul 3: Achtsame Führungskräfteentwicklung

Was ich Ihnen anbiete, ist weder
eine universell anwendbare Instantlösung
noch eine unterhaltsame Anekdotenpromenade.
Vielmehr eine Grundhaltung, eine Perspektive,
die Ihnen vielleicht helfen kann,
die Revolution zu überleben,
die wir alle gerade erleben.
Reinhard K. Sprenger

Der Weg geht weiter von der Kommunikationsentwicklung zur Führungskräfteentwicklung oder vom »Du« zum »Wir«, denn wir arbeiten meistens in Teams, geleitet von einer Führungskraft. Das Training *Achtsame Führungskräfteentwicklung* umfasst acht Treffen im Abstand von einer Woche und eine anschließende Reflexionsveranstaltung.

Training 3: Achtsame Führungskräfteentwicklung

Phase 1: Acht Treffen → **Phase 2: Reflexion**

Das Training richtet sich entweder nur an Führungskräfte in einer Organisation oder noch viel besser an ein ganzes Team mit einer Führungskraft, denn Führung besteht bekanntlich zum größten Teil aus Kommunikation, und so ist es meistens sinnvoll, von Anfang an alle an der Führungsaufgabe beteiligten Menschen »ins Boot zu holen«.

Bei wenigen Themen fällt die Selbst- und Fremdwahrnehmung so weit auseinander wie bei der Einschätzung von Führungskräften. Die Gallup-Studie 2016 hat ergeben, dass 97 Prozent der Führungskräfte sich für eine gute Führungskraft halten, während 69 Prozent der Mitarbeiter:innen mindestens einmal in ihrer beruflichen Laufbahn einen schlechten Vorgesetzten erlebt haben. Die Folgen dieser Diskrepanz sind gravierend: Sehr viele Mitarbeiter:innen sind demotiviert, haben innerlich gekündigt und machen nur noch Dienst nach Vorschrift. Dazu kommen nicht nur hohe Fehlzeiten, fehlende Bindung zum Unternehmen und eine niedrige Produktivität, sondern auch ein jährlicher Verlust von über 100 Milliarden Euro für die deutschen Unternehmen.

Diese Misere kann nur überwunden werden, wenn eine kontinuierliche Führungskräfte-Qualifizierung nicht mehr dem Zufall überlassen wird, sondern höchste Priorität in einer Organisation genießt. Eine sorgsame Auswahl von Führungskräften, regelmäßige, aufeinander aufbauende Weiterbildungen sowie kontinuierliches Einzelcoaching für Führungskräfte sind die Basis für eine professionelle Selbst- und Personalführung. Dabei geht es nicht um Techniken oder Tipps, sondern um eine innere Haltung, die gekennzeichnet ist von Achtsamkeit, Empathie, Vertrauen und Humor.

Erst durch eine solide und kontinuierliche Qualifikation der Führungskräfte können diese auch die Teammitglieder und das ganze Team fördern und fordern. Eine offene Kommunikation trägt zu einem angenehmen Arbeitsklima bei und wird unterstützt durch Wertschätzung und Anerkennung, die den Mitarbeiter:innen gegenüber zum Ausdruck gebracht wird, und selbstverständlich gehört auch das konstruktiv geäußerte Feedback mit dazu. Das einfache Fazit lautet: *Führungskräfte können nur das weitergeben, was sie zuvor auch selbst erfahren haben.*

Mut zur Selbsterkenntnis

Wer die Welt bewegen will,
sollte erst sich selbst bewegen.
Sokrates

Selbsterkenntnis ist der erste Schritt zur Besserung – so lautet eine oft zitierte Redensart. Dieser Satz bedeutet, dass wir als Menschen in der Lage sind, unser Denken, Fühlen und Handeln selbstkritisch zu hinterfragen und auf diese Weise unsere Haltungen und Handlungen zu überprüfen. Es geht um einen Prozess der Selbstreflexion mit dem Ziel zu erkennen, *wer wir wirklich sind.* Bei dieser Bewusstwerdung geht es um die eigenen Stärken und Schwächen, um die eigenen Licht- und Schattenseiten, um unsere Begabungen, Bedürfnisse und Ziele, aber auch um unsere »blinden Flecken« und Selbsttäuschungen. Herauszufinden, wer ich wirklich bin, ist ein längerer Prozess, der sowohl faszinierend, zuweilen aber auch ernüchternd und schmerzlich ist. Auf dieser Weise finden wir allmählich eine gute Balance zwischen Selbstüberschätzung und Selbstunterschätzung. Warum ist Selbsterkenntnis der erste Schritt zur Besserung? Erst wenn ich mich selbst kenne und verstehe mit allem, was mein Menschsein ausmacht, kann ich auch andere Menschen verstehen. Daher lautet die erste Führungsaufgabe: *Erkenne Dich selbst!*

Doch genau dieser wichtigsten Führungsaufgabe verweigern sich viele Führungskräfte. Was sind die Gründe dafür? In ihren Aus- und Weiterbildungen wurden sie nicht in einer selbstverständlichen Weise zu einer vertieften Selbstreflexion angeleitet, vor Ort erleben sie oftmals Führungskräfte, die in der Selbst- und Personalführung unbeholfen unterwegs sind und zugleich erfahren sie, dass schlechtes Führungsverhalten für das eigene berufliche Fortkommen meist keine negativen Konsequenzen hat. Die Folgen dieser Selbsterkenntnis-Verweigerung zeigen sich im beruflichen Alltag in der begrenzten bzw. fehlenden Beziehungsfähigkeit zu den Mitarbeiter:innen.

Und zugleich gibt es eine wachsende Zahl von Führungskräften, die den Wunsch haben, ihre Führungsaufgaben professioneller wahrzunehmen. Sie haben erkannt, dass an Selbsterkenntnis kein Weg vorbeiführt. Denn nur so können sie und die Mitarbeiter:innen motiviert, begeistert und produktiv zusammenarbeiten. Sich selbst zu erkennen heißt, sich bewusster wahrzunehmen. Dabei ist es förderlich, sich immer wieder Zeit für eine Standortbestimmung zu nehmen und in dieser Zeit einige Fragen der Selbstreflexion schriftlich zu beantworten.

Alle denken nur darüber nach, wie
man die Menschheit ändern könnte,
doch niemand denkt daran,
sich selbst zu ändern.

Leo N. Tolstoi

TAO-Selbsterforschung

- Welche Erfahrungen habe ich in der Vergangenheit mit Führungskräften gemacht?
- Was hat mich an ihrem Verhalten inspiriert und begeistert?
- Was empfand ich schwierig und nicht nachahmenswert?
- Was sind meine Stärken, Begabungen und Fähigkeiten als Führungskraft?
- Was sind meine Schwächen und Defizite als Führungskraft?
- Wie stelle ich sicher, dass ich konstant lerne und wachse, und wie will ich mich weiterentwickeln?
- Wie selbstkritisch hinterfrage ich mich, und wie gut kann ich Kritik annehmen?
- Welche Werte sind für mein Handeln als Führungskraft wichtig?

Der Unternehmer Bodo Janssen nennt in seinem Buch »Die stille Revolution. Führen mit Sinn und Menschlichkeit« weitere wesentliche Fragen der Selbstklärung: »Was ist für mich wirklich wesentlich? Warum bin ich hier? Was haben andere davon, dass es mich gibt? Was ist mein Talent? Worin liegen meine Stärken? Was bereitet mir Freude? Welches Handeln erfüllt mich? Wie kann ich es Mitarbeiter:innen ermöglichen mitzugestalten? Was kann ich dafür tun, dass Verbundenheit entsteht? Was kann ich dazu beitragen, dass sich die Mitarbeiter:innen ihrer Persönlichkeit entsprechend entwickeln können und wachsen können?«[91]

Nach dieser engagierten Selbstklärung ist es wichtig, das Gespräch mit der eigenen Partnerin, einem guten Freund oder einer geschätzten Kollegin zu führen, um sich differenzierte Fremdeinschätzungen zu holen. Zuweilen ist es hilfreich, den Feedbackgeber zu bitten, auch schwierige und kritische Themen direkt und ungeschminkt anzusprechen. So kann die Selbsterkenntnis wachsen und die Diskrepanz zwischen Selbst- und Fremdbild allmählich kleiner werden.

Gefordert ist heute eine integrale Führung,die sich den Entwicklungspotentialen der Mitarbeiter zuwendet und die dabei der eigenen Persönlichkeitsentwicklung eine herausragende Bedeutung zuweist.

Claus Eurich[92]

Die Kraft der Stille

Stille ist eine Quelle großer Stärke.
Laotse

Sinnvolle Führungskräfteentwicklung beginnt immer bei uns selbst. Es geht um Selbsterkenntnis und Stille, und die Stille führt zu neuer Selbsterkenntnis, aber auch zu Klarheit, Stärke und Ruhe. Der Volksmund sagt: *In der Ruhe liegt die Kraft!* Die Ruhe, das Schweigen und die Selbstbesinnung sind so wichtige Kraft- und Erkenntnisquellen, dass es nicht nur lohnt, sie systematisch zu trainieren, sondern die Stille steht im Zentrum des Trainings Achtsamkeit in Organisationen (TAO).[93]

In unserer westlichen Gesellschaft haben viele Menschen die lebensverändernde Kraft der Stille noch nicht erfahren, weil wir sehr einseitig außenorientiert leben und meist von klein auf zu ständiger Aktivität erzogen wurden. Egal ob jung oder alt, wir werden danach beurteilt, was wir tun, machen und leisten. Aktiv und erfolgreich zu sein, ist »in« und dies gilt nicht nur für den beruflichen Kontext, sondern auch für die Freizeit. Anerkennung und Wertschätzung muss durch harte Arbeit »verdient« werden, und so hetzen viele Menschen durch ihren Alltag. Auch am Abend gibt es keine wirkliche Entspannung. Die meisten Menschen bleiben aktiv und außenorientiert, indem sie Sport treiben, im Internet surfen, fernsehen, telefonieren, lesen oder sich um Haushalt und berufliche Angelegenheiten kümmern. Irgendetwas gibt es immer zu tun. Selbstverständlich bleibt das Smartphone an und auch der Blick in die Mails ist vor dem Schlafengehen für die meisten vollkommen normal. *Die Stille bleibt auf der Strecke.* Und selbst das obligatorische Feierabendbier oder das abendliche Glas Wein sind in den seltensten Fällen Genuss, denn insbesondere beruflich stark geforderte Menschen können sich nicht vorstellen, darauf zu verzichten, sie brauchen es, um – wie sie sagen – zu »entspannen«. Doch weder Alkohol noch dauernde Aktivität führt zu innerer Ruhe und wirklicher Entspannung – es ist lediglich eine Ablenkung von sich selbst, die in Unzufriedenheit, Erschöpfung und langfristig im Burnout mündet.

Wer dies vermeiden will, benötigt neben der einseitigen Außenorientierung *regelmäßige Zeiten der Innenorientierung.* Insbesondere in vielen Arbeitszusammenhängen wird die Dimension des Nicht-Tuns sehr vernachlässigt. Dabei können kreative, innovative und nachhaltige Arbeitsergebnisse erst durch das dynamische Wechselspiel von Anspannung und Entspannung entstehen. Diese Erkenntnisse finden langsam Eingang in die moderne Führungskräfteliteratur – so schreibt Paul J. Kohtes: »Vielmehr sollten wir uns bewusst zeitliche Freiräume schaffen, in denen nichts geschieht, in denen wir Abstand zum Alltäglichen gewinnen – so können sich die Dinge in den anderen Zeiträumen umso intensiver und präziser entwickeln. Sie werden sehen: Die Arbeit geht leichter von der Hand und nimmt an Qualität zu, wenn die Schwingungen zwischen engagierter Zeit und Muße, zwischen Tun und Lassen in einen vernünftigen und angemessenen Rhythmus gebracht werden.«[94] Die Autoren Karl Kälin und Peter Muri werden noch deutlicher: »Kreativität setzt innere Ruhe und Stille voraus. Diese notwendige Stille ist vielen abhandengekommen. Andauernder Stress und die scheinbar unvermeidbare Hektik des Alltags verhindern das Entstehen tragfähiger neuer Ideen und Problemlösungsansätze. Es ist für jede Führungskraft von großer Wichtigkeit, dass er sich Freiräume der Ruhe – vor allem der inneren Stille – schafft, in denen neue, kreative und innovative Ideen langsam wachsen können.«[95] Um die Balance zu finden, brauchen wir einen Perspektivwechsel von außen nach innen. Es geht um den Gegenpol von »Tun« und »Machen« – es geht um das Innehalten, die Stille, das Zur-Besinnung-Kommen.

»Nichts ist so wichtig, wie die regelmäßige Praxis der Achtsamkeit. Das allerwertvollste Geschenk, das Sie sich machen können, ist die tägliche Zeit des bewussten Nicht-Tuns«, schreibt der Achtsamkeitspionier Jon Kabat-Zinn. Insbesondere für Führungskräfte ist es ganz wesentlich, sich täglich, am besten am frühen Morgen, Zeit für sich selbst zu nehmen, um die Stille zu kultivieren. Die verschiedenen Achtsamkeitsübungen auf den beiliegenden CDs sind besonders zu Beginn der Einübungspraxis sehr unterstützend. Es mag zunächst ungewohnt sein, Zeiten im Schweigen zu verbringen, ohne etwas zu organisieren, zu erschaffen oder zu erledigen. Vielleicht löst diese Vorstellung zunächst sogar Unbehagen oder Angst aus. Doch nur, wenn wir uns wirklich auf uns selbst einlassen, können wir zur Ruhe kommen, und genau diese innere Ruhe ist die Voraussetzung, um achtsam mit sich selbst und den Mitarbeiter:innen umzugehen.

Während des Arbeitsalltages ist es hilfreich, immer wieder die Routinen zu unterbrechen, achtsam innezuhalten und den Atem wahrzunehmen – auch für diese wichtige Übung gibt es eine Anleitung auf CD. Und zuletzt ist es eine kraftvolle Erfahrung, sich regelmäßig Auszeiten zu gönnen, in denen wir eine medienfreie Zeit erleben und auf Smartphone, Laptop, Fernsehen und Musikhören verzichten. Die äußere Ruhe hilft, auch innerlich zur Ruhe zu kommen, und am einfachsten gelingt das mit Gleichgesinnten in einem Schweigeseminar.

> Wer mal still steht, kann ganz schön vorwärtskommen.
>
> *Anke Maggauer-Kirsche*

TAO-Selbsterforschung

- Was geht jetzt gerade in mir vor?
- Wie viel Freude und Leichtigkeit sind in dem, was ich tue?
- Welche Erfahrungen habe ich mit Stille in meinem Leben gemacht?
- Wie neugierig bin ich, die Kraft der Stille zu entdecken?
- Wer bin ich jenseits meiner alltäglichen Rollen?

Über Motivation und Demotivation

Mir ist klargeworden, dass Motivieren
nichts anderes meint als die fünf großen B:
Belohnen, Belobigen, Bestechen, Bedrohen, Bestrafen.
Mir ist klargeworden, dass Führen unter der kalten
Sonne der Anreizsysteme immer »Ver-Führen« ist.
Reinhard K. Sprenger

Mit diesen klaren Worten bringt der Autor des Bestsellers »Mythos Motivation. Wege aus einer Sackgasse« zum Ausdruck, dass viele gängige Belohnungs- und Bestrafungs-Systeme in Organisationen kontraproduktiv sind und nicht die Leistungsfreude von Mitarbeiter:innen – wenn überhaupt, dann nur sehr kurzfristig – fördern. Statt Motivation erleben Mitarbeiter:innen Demotivation. Der Ausweg lautet: Fördern statt Verführen, Lassen statt Machen und die Ursachen der Demotivation beseitigen.

Was ist Motivation? Motivation bezeichnet alle Gründe, die zu einer Handlungsbereitschaft führen. In einer Kurzformel heißt Motivation: *Ich will!* Dabei wird zwischen einer allgemeinen und spezifischen Motivation unterschieden. Als allgemeine Motivation bezeichnen wir den Wunsch etwas zu gestalten, etwas zu erreichen und zu bewirken. Dieser Wunsch ist, wenn auch unterschiedlich stark ausgeprägt, grundsätzlich in jedem Menschen vorhanden, das heißt, Menschen sind von Natur aus motiviert. Die spezifische Motivation bewirkt, dass ein Mensch sich für ein bestimmtes Ziel engagiert. Sie entspringt der subjektiven Bedeutung, die das Ziel für die Person hat. Wodurch wird Motivation beeinflusst? Zwei Faktoren sind dabei von Bedeutung: Zum einen die *Person*, die eigene Einstellung, der Wille und der Antrieb – hier geht es um die »Innenwelt« des Menschen und wir sprechen von der intrinsischen Motivation; zum anderen die *Situation*, die Rahmenbedingungen, Anreize und Ermächtigungen – hier geht es um die »Außenwelt«, der sich der Einzelne gegenübersieht, und wir sprechen in diesem Zusammenhang von der extrinsischen Motivation. Engagierte Leistung ergibt sich immer aus dem gelungenen Zusammenspiel von Individuum und Organisation.[96]

Führungskräfte wünschen sich motivierte Mitarbeiter:innen und sind selbst meist wenig motiviert, konstant zu lernen und zu wachsen. Werden Führungskräfte beispielsweise gefragt, wie viele Bücher sie im Jahr zur Persönlichkeits- oder Führungskräfteentwicklung lesen, dann fallen die Antworten meist sehr dürftig aus. Es gibt einerseits große Ansprüche an Mitarbeiter:innen und andererseits wenig Bereitschaft das vorzuleben, was von anderen gewünscht wird. Schon Albert Einstein machte darauf aufmerksam: *Vorbild zu sein ist nicht das Wichtigste, wenn wir Einfluss auf andere nehmen wollen. Es ist das Einzige*. Mitarbeiter:innen merken daher sehr schnell, ob eine Führungskraft die übertragene Aufgabe mit Freude und Begeisterung durchführt und Lust daran hat, andere Menschen zu unterstützen erfolgreich zu sein oder ob die Beziehungsarbeit als lästige Pflichtübung erlebt wird und sich die Führungskraft lieber mit Zahlen und Statistiken beschäftigt. Wollen wir motivierte Mitarbeiter:innen haben, dann dürfen wir zuerst fragen, ob wir eine motivierte Führungskraft sind oder wie wir es werden können. Zu fragen ist darüber hinaus: Sind Sie bereit, die Herausforderungen in der Mitarbeiterführung als Lernchance zu sehen? Oder beklagen Sie sich über die alltäglichen Unbequemlichkeiten? Was können Sie tun, um Ihre Mitarbeiter:innen zu motivieren, zu fördern, zu unterstützen? Die Antwort ist ganz einfach: Wir können unsere Mitarbeiter:innen langfristig *nicht* motivieren, denn für die Motivation ist jeder von uns selbst zuständig: *Motivation ist immer Eigenleistung des Einzelnen, ist immer selbstinitiativ, ihr Freiraum zu geben ist Sache der Führung*, so Reinhard K. Sprenger.

Mitarbeiter:innen sind fast immer von sich aus motiviert und wollen engagiert ihre Arbeit tun. Doch viel zu oft steht die Demotivation der Führungskraft oder der Rahmenbedingungen der Organisation im Wege. Und das Tragische ist, dass sich viele Führungskräfte nicht bewusst sind, was Mitarbeiter:innen demotiviert, und es oft auch gar nicht wissen wollen. Eine zentrale Führungsaufgabe besteht daher darin, *alle Demotivationen zu unterlassen*. Nachfolgend verschiedene Aspekte, wodurch Führungskräfte ihre Mitarbeiter:innen demotivieren[97]:

- unvollständige und nicht rechtzeitige Informationen
- zu wenig delegieren
- unterschiedliche, ungerechte Behandlung der Mitarbeiter:innen

- nicht achtsam zuhören
- mangelnde Entscheidungsfreude
- unsystematisches Arbeiten, geringe Prioritätensetzung
- zu wenig Vertrauen in die Mitarbeiter:innen
- zu wenige Ziele für die Mitarbeiter:innen und sich selbst
- emotionsloses und arrogantes Auftreten
- Mängel bei der Beurteilung der Mitarbeiter:innen
- zu viel Kritik, zu wenig Anerkennung und Wertschätzung
- Unfähigkeit, eigene Schwächen und Fehler einzugestehen
- mangelnde Konfliktlösungsfähigkeit

Diese Übersicht ist eine gute Basis, um sich als Führungskraft immer wieder neu zu überprüfen und um ein genaues Feedback der Mitarbeiter:innen zu bitten, damit erkennbar wird, wo es Wachstums- und Veränderungsbedarf gibt.

TAO-Selbsterforschung

- Was motiviert mich als Führungskraft?
- Welches Arbeitsklima begeistert mich?
- Wodurch werde ich als Führungskraft demotiviert?
- Wodurch demotiviere ich meine Mitarbeiter:innen?

Proaktiv sein

Love it: Lerne die Situation, wie sie ist, zu lieben!
Change it: Ändere etwas an der Situation!
Leave it: Gehe raus aus der Situation!

Proaktiv sein ist eine innere Haltung und bedeutet, Verantwortung für das eigene Verhalten zu übernehmen. Es geht um das Bewusstsein der Wahlfreiheit und des Entscheidungsspielraumes zwischen Reiz und Reaktion.[98] Wir können als Menschen proaktiv sein oder uns beklagen, wir können uns vom Prinzip der Selbstverantwortung[99] immer wieder neu inspirieren lassen oder uns in der selbstgewählten Opferrolle einrichten, wir können uns als Gestalter unseres Lebens verstehen oder anderen die Schuld an unserer Misere geben. Wenn eine Lebenssituation für uns unbefriedigend ist, dann lohnt es sich fast immer proaktiv zu sein, den Weg aus dem Tal des Jammerns zu finden und die drei Alternativen in den Blick zu nehmen: *Love it, change it or leave it.* Verschiedene Fragen der Selbstreflexion haben sich bewährt, um die Alternativen zu erkennen und zu einer bewussten Entscheidung[100] inmitten der Unzufriedenheit zu kommen:

Love it: Welche positiven Aspekte habe ich aus dem Blick verloren und welche erfreulichen Seiten gibt es an der Situation für mich? Was würde mir fehlen, wenn ich die Situation verändere oder verlasse? Wie kann ich mit dieser Situation besser umgehen? Welche Folgen hätte das Akzeptieren für mich? Was braucht es, damit ich mit dieser Situation leben kann?

Change it: Was stört mich an der Situation? Welche Handlungsspielräume erkenne ich und wie kann ich die Situation verändern? Wer kann mich beim Verändern unterstützen und mit wem kann ich mich zusammentun? Was darf ich dazulernen und wo muss ich meine innere Einstellung oder mein Verhalten verändern? Wie soll die Veränderung konkret aussehen?

Leave it: Wann bin ich bereit, die Situation zu verlassen? Welche Schritte sind dafür notwendig? Was gewinne ich durch das Verlassen? Was sind die Folgen, Konsequenzen und Risiken? Wer unterstützt mich auf diesem Weg? Fliehe ich vor einer Situation oder wähle ich bewusst einen neuen erfolgreicheren Weg?

Die Haltung des Proaktivseins klingt ganz selbstverständlich und doch zeigt der berufliche Alltag, dass viele Führungskräfte das Thema der Selbstverantwortung in der Tiefe nicht durchdrungen haben und meist nur wenig Interesse zeigen, es intensiv zu erforschen, obwohl es dazu mehr als genug inspirierende Bücher gibt.[101] Neugierige Führungskräfte dagegen fragen sich: Wie entwickle ich meine Fähigkeiten zu mehr Selbstverantwortung?

Wie proaktiv erleben mich andere Menschen? Was gelingt mir gut und wo stelle ich mir selbst immer wieder eine Falle?

Eine Führungskraft nimmt bei den Mitarbeitenden eine wichtige Vorbildfunktion ein und das Verhalten der Führungskraft überträgt sich auf die Mitarbeiter:innen. Wenn also eine Führungskraft die Haltung des Proaktivseins verkörpert, dann erleben die Mitarbeitenden dies besonders daran, wie sich eine Führungskraft dem eigenen Vorgesetzten gegenüber verhält. Und nicht wenige Führungskräfte verhalten sich angepasst, brav und ängstlich, und dann stellt sich die Frage: Wie soll eine solche Führungskraft proaktives Verhalten von den Mitarbeiter:innen fordern und fördern, wenn sie sich selbst schont und Schwierigkeiten aus dem Wege geht? Wie kann eine Führungskraft um ein ehrliches und mutiges Sprechen bitten, wenn sie es nicht gelernt hat, sich zusammen mit anderen Führungskräften bei der Geschäftsführung engagiert für die Anliegen der Mitarbeitenden einzusetzen?

Wenn Führungskräfte eine natürliche Autorität haben wollen, dann führt kein Weg daran vorbei, vor der eigenen Türe »kräftig zu kehren«. Und wenn Führungskräfte sich mit den eigenen Ängsten, Unsicherheiten, Schwächen und Konfliktvermeidungsstrategien gründlich beschäftigt haben, dann haben sie eine solide Basis, um die eigenen Mitarbeiter:innen auf dem Weg zu mehr Selbstverantwortung zu begleiten. Sie wissen um die Hindernisse, Widerstände und Stolpersteine in sich selbst und die sind meist nicht viel anders als bei den Mitarbeitenden. Mitarbeiter:innen können Anregungen viel besser von Führungskräften annehmen, wenn sie spüren, dass diese Impulse aus der eigenen Erfahrung der Führungskraft stammen. Entscheidend für die Wirksamkeit einer Begleitung zu mehr Proaktivsein bei den Mitarbeiter:innen ist die Erkenntnis, mit meinem Gegenüber in tiefer Gemeinsamkeit verbunden zu sein. Handlungen, die lediglich auf der Basis von theoretischem Wissen oder einer überlegenen Rolle ausgeführt werden, führen zu innerer Distanzierung und fordern Widerstand heraus. »Das Prinzip lautet: Ich kann einem anderen keine wirkliche Hilfe sein, wenn ich nicht erkenne, dass wir beide gemeinsam in dieser Sache stecken, dass all unsere Unterschiede oberflächlich und bedeutungslos sind, und dass nur die unzähligen Punkte, in denen wir uns gleich sind, überhaupt Bedeutung haben.«[102]

Eine zentrale Aufgabe einer Führungskraft besteht darin, immer wieder neu in schwierigen und unzufriedenen beruflichen Situationen die Haltung des Proaktivseins mit den Mitarbeiter:innen Schritt für Schritt zu üben (love it, change it or leave it), um durch diesen kontinuierlichen Prozess der Bewusstwerdung die Mitarbeiter:innen in der Selbstverantwortung zu stärken.

TAO-Selbsterforschung

- Wie sehr lebe ich Mut und Zivilcourage?
- Was könnte ich tun, um die aktuelle schwierige Situation zu verbessern?
- Wann habe ich das letzte Mal öffentlich einen Fehler eingestanden?

Vertrauen ist die Basis

Wer nicht genügend vertraut,
wird kein Vertrauen finden.
Laotse

Vertrauen ist die Basis achtsamer Mitarbeiterführung und die Annahme, dass die Arbeiten der Mitarbeiter:innen einen positiven Verlauf nehmen. Vertrauen ist die Fähigkeit, eine empathische Beziehung zu einer Person aufzubauen, trotz Unsicherheiten und Ungewissheiten. Und Vertrauen ist eine innere Grundhaltung mir selbst und anderen gegenüber und zugleich so etwas wie ein »Schmiermittel«, das Beziehungen einfacher und entspannter macht.

In Organisationen, in denen ein vertrauensvolles Klima herrscht, werden die meisten Themen rasch und unbürokratisch geklärt. Vertrauen entsteht durch Zuhören, Offenheit, Transparenz, Verlässlichkeit, Fehlertoleranz, klare Werte und eingehaltene Versprechen. Vertrauen braucht meist einen Vertrauensvorschuss. Wer einen Vertrauensvorschuss wagt, der traut sich etwas, der trifft eine Vertrauensentscheidung. Und wenn ich mich als Führungskraft dann jenseits meiner Rolle auch als Mensch zeige, schaffe ich ein Klima, wo Mitarbeitende sich eingeladen fühlen, von sich selbst zu erzählen. Die Nagelprobe[103], wie ernst eine Führungskraft es mit dem Vertrauen meint, zeigt sich im konkreten Verhalten in einer schwierigen Situation. Wenn mit Störungen und Betroffenheiten wertschätzend und konstruktiv umgegangen wird und Konflikte zeitnah gelöst werden, wächst das Vertrauen der Mitarbeiter:innen in die Führungskraft[104] und eine Vertrauenskultur entsteht.

Vertrauen wie auch Misstrauen wirken wie eine selbsterfüllende Prophezeiung. Womit du rechnest, dass bewahrheitet sich in vielen Fällen.

Doris Wolf

Wo Menschen zusammenarbeiten, gibt es nicht nur Vertrauen, sondern immer auch Misstrauen. Misstrauen entsteht durch willkürliches Verhalten, übertriebenes Kontrollbedürfnis, vorrangiges Sicherheitsdenken und gebrochene Versprechen. Misstrauen belastet jede Zusammenarbeit, erhöht den Absicherungsaufwand, verlängert die Entscheidungsprozesse und schwächt die Handlungsfähigkeit und die Produktivität von Organisationen. Und zuletzt ist Misstrauen auch ein großer Kostenfaktor.

Wenn Vertrauen ein so wichtiges Betriebskapital ist und in unserer schnelllebigen Zeit immer wichtiger wird, dann stellt sich die Frage, was die Ursachen sind, warum sich viele Führungskräfte so misstrauisch ihren Mitarbeiter:innen gegenüber verhalten? Die Antwort: es fehlt an *Selbstvertrauen*. Selbstvertrauen ist das Vertrauen in die eigene Wirksamkeit und die Fähigkeit, mit dem Unerwarteten umzugehen. Doch viele Menschen tragen eine hohe Hypothek in sich, weil sie bereits in der Kindheit die Erfahrung gemacht haben, dass sie nicht so in Ordnung sind, wie sie sind. Dieses schmerzliche Erleben hat dazu geführt, dass das eigene Denken ängstlich, kritisch und negativ wurde. Wir sprechen in diesem Zusammenhang von unserem *inneren Kritiker*, der in einer sehr geschickten Weise immer wieder neu unser Selbstwertgefühl angreift. Dieses Defizit versuchen manche Führungskräfte gerne durch einen akademischen Abschluss, ihre Position im Unternehmen, durch Auto, Büro und Kleidung zu kompensieren. Doch die Lösung des Selbstvertrauen-Problems liegt nicht im Außen, sondern im Innen. Wer sich Selbstvertrauen wünscht, der braucht die Neugierde, sich selbst kennenzulernen mit allen Facetten des menschlichen Daseins, konstantes Lernen und Wachsen und tiefe Selbsterkenntnis[105]. Stille, Weiterbildung und Coaching unterstützen auf dem Weg der Neuausrichtung.

Je mehr das Selbstvertrauen wächst, umso unbeschwerter kann die Führungsaufgabe wahrgenommen werden. Die Führungskraft hat durch die gewonnene innere Sicherheit viel weniger Angst vor Selbstoffenbarung und Kritik, kann sowohl mit Erfolg als auch mit Misserfolg gelassener umgehen und hält die Spannung zwischen Vertrauenserwartung und Verratsmöglichkeit besser aus.[106]

Vertrauen und Kontrolle widersprechen sich nicht, es geht vielmehr um ein gesundes Mischungsverhältnis. Das Motto lautet: *Vertraue, aber kontrolliere gelegentlich auch.* Der Schwerpunkt liegt auf dem Vertrauen, doch eine Vereinbarung zu kontrollieren ist wichtig und kein Akt des Misstrauens. Wenn das Vertrauen gebrochen wird, dann bedarf es einer klaren Konfrontation, denn nur so wird Vertrauen geschaffen. Reinhard K. Sprenger plädiert für die *Ethik der zweiten Chance*: »Ihre Regeln lauten:

1. Kooperiere! Biete immer zunächst die Kooperation an!
2. Wenn sie erwidert wird, stelle das Vertrauen auf Dauer! Wenn nicht, bestrafe sofort und unnachsichtig!
3. Mache nach einer gewissen Zeit wieder ein Vertrauensangebot!«[107]

Sollte das Vertrauen dann erneut wieder gebrochen werden, gibt es keine dritte Chance mehr für den Mitarbeiter bzw. die Mitarbeiterin.

TAO-Selbsterforschung

- Was tue ich als Führungskraft, um Vertrauen zu fördern?
- Woran erkenne ich eine Vertrauenskultur in meinem Team und Unternehmen?
- Was sind die größten Hindernisse, um Vertrauen aufzubauen?
- Was tun wir unter uns Führungskräften, um Vertrauen wachsen zu lassen?

Klarheit und Empathie

Um eine Führungsbeziehung
erfolgreich zu gestalten,
bedarf es zweier Kernkompetenzen,
die im Lauf der Führungsbeziehung
in ein Gleichgewicht zu bringen sind:
Klarheit und Empathie.
Torsten Schrör

Klarheit und Empathie sind zwei wesentliche Aspekte in der Mitarbeiterbeziehung und sind nur möglich, wenn die Führungskraft über eine achtsame Selbstwahrnehmung und Selbstführung verfügt und in der Beziehung zu ihren Mitarbeiter:innen alle Handlungsmöglichkeiten erkennt und nutzt.

Durch ein paar einfache Sätze wird deutlich, was unter Klarheit und Empathie zu verstehen ist. Für Klarheit sind es die Sätze: *Dafür stehe ich! Das erwarte ich von Dir! Das will ich in der Entscheidungssituation! Das ist mein Ziel! Für diese Position stehe ich ein! Das sind meine Werte! Du als Mitarbeiter hast in dieser konkreten Situation folgende Aufgabe! Du wirst an folgenden Kriterien gemessen werden!* Und für Empathie sind es die Sätze: *Ich sehe Dich! Ich nehme Dich an, wie Du bist! Ich erkenne, dass Du einzigartig bist in Dei-*

nen Handlungen und Reaktionen! Ich interessiere mich für Dich! Ich versuche, die Beweggründe Deines Handelns nachzuvollziehen! Ich akzeptiere Dich mit Deinen Stärken, Eigenheiten und Fehlern![108]

Führungskräfte haben meist eine Kernkompetenz, die stärker ausgeprägt ist als die andere. Der einen Führungskraft fällt ein klares Sprechen und Handeln schwer, die andere hat Mühe damit, Wertschätzung zu zeigen und sich in andere Menschen hineinzuversetzen. Die Aufgabe einer jeden Führungskraft besteht darin, die nicht so entwickelte Kernkompetenz durch achtsame Selbstwahrnehmung und Selbsterforschung weiterzuentwickeln. Die Überwindung destruktiver Verhaltensmuster ist nicht einfach und kann nur gelingen, wenn die Führungskraft die eigenen Unsicherheiten, Schwächen und Ängste mutig wahrnimmt und annimmt. Nur durch die Akzeptanz kann allmählich Veränderung geschehen.

All das klingt sehr selbstverständlich und überzeugend und ist es doch viel zu oft im beruflichen Alltag nicht. Führungskräfte sind zum Teil nicht gewohnt, eine klare Sprache sprechen, sondern reden »um den heißen Brei herum«. Dahinter könnte fehlende Selbstreflexion, oft aber auch ein Harmoniebedürfnis und die meist unbegründete Angst, mein Gegenüber zurückzustoßen, stecken. Mangelnde Klarheit zeigt sich auch in fehlenden Spielregeln im Miteinander, was sich beispielsweise daran zeigen kann, dass Mitarbeiter:innen von Führungskräften Antworten wünschen, ohne sich zuvor zu überlegen, wie sie ohne eine Führungskraft entscheiden würden. Bei der Delegation von Aufgaben zeigt sich, wie klar eine Führungskraft kommuniziert. Wenn es hier immer wieder zu Irritationen und Unzufriedenheit kommt, dann ist es wichtig zu verschriftlichen, was, wie und bis wann zu tun ist, und den Mitarbeiter zu fragen, was noch zu klären ist, damit die Aufgabe erfolgreich gelöst werden kann. Für Mitarbeitende ist es darüber hinaus wichtig zu wissen, was die handlungsleitenden Werte einer Führungskraft sind und was diese darunter versteht. Am Ende des vorangehenden Abschnittes wurde das Thema der Konsequenzen angesprochen. Im Umgang mit Mitarbeiter:innen muss klar sein, dass die Führungskraft auch bereit ist, Grenzen zu setzen. Eine Grenzziehung sollte in der Regel nicht aus dem Affekt heraus geschehen, sondern vorher in Ruhe angekündigt werden. Den Führungskräften, die ich gecoacht habe, gab ich gerne den nachfolgenden Satz mit auf den Weg: *Gehen Sie in der zwischenmenschlichen Kommunikation davon aus, dass nichts klar ist.*

Empathie zeigt sich in dem inneren Wunsch, die Mitarbeiter:innen kennenlernen zu wollen und sich dafür Zeit zu nehmen. »Empathie lebt von der intrinsischen Bereitschaft, das zunächst möglicherweise Fremde, Ungewohnte und auch Unverständliche trotzdem verstehen zu wollen. Bevor ich allerdings in der Lage bin, die Erlebnisse, Gefühle und das Selbstbild des anderen zu verstehen, muss ich mich selbst erkannt und verstanden haben.«[109] Auf einen weiteren Aspekt gilt es noch hinzuweisen: *Emotionales Verständnis* zu zeigen bedeutet, die Wahrnehmung meiner Mitarbeiter:innen anzuerkennen, jedoch nicht, dass ich dieser Sichtweise auch zustimme. Wenn Mitarbeiter:innen sich aber gesehen fühlen, ist es für sie leichter mit der Enttäuschung umzugehen, wenn die Entscheidung der Führungskraft anders ausfällt. Was fast alle Mitarbeiter:innen sich wünschen, sind Wertschätzung und Anerkennung, und genau hier verhalten sich viele Führungskräfte geizig und demotivierend, frei nach dem Motto: *Nicht geschimpft ist genug gelobt.*

TAO-Selbsterforschung

- Wie kann ich überprüfen, wie klar meine Mitarbeiter:innen mich erleben?
- Wie großzügig drücke ich meine Wertschätzung und Anerkennung aus?

Freude am Dialog

Vor die Wahl gestellt, eine Sachaufgabe zu lösen
oder ein Mitarbeitergespräch zu führen,
wählen drei von vier Führungskräften die Sachaufgabe.
Reinhard K. Sprenger

Der Dialog ist das Kernelement achtsamer Mitarbeiterführung, doch über Dialogfähigkeit verfügen nur gut 50 Prozent aller Führungskräfte, so das Ergebnis einer Langzeitstudie der Unternehmensberaterin Mirriam Prieß. Das Bewusstsein für die Bedeutung des Miteinander-Redens, die Fähigkeit der Pflege von Beziehungen und das Engagement für Gespräche ohne Zeitdruck sind bei vielen Führungskräften nicht vorhanden, weil sie die Wichtigkeit der sozialen Faktoren in der Führungsarbeit nicht erkannt haben. Führungskräfte wünschen sich motivierte Mitarbeitende und erkennen viel zu selten, »dass die Motivation von Menschen in hohem Grade von Kommunikation abhängt, dass Aufmerksamkeit, Wertschätzung und Respekt einen großen Einfluss darauf haben, wie gut und gerne Menschen eine gemeinsame Aufgabe bewältigen.«[110] Was heißt das für den beruflichen Alltag? Wichtig ist es, so oft wie möglich mit den Mitarbeiter:innen zu sprechen, denn diese wollen wahrgenommen werden, wünschen sich wache Aufmerksamkeit, brauchen echtes Interesse sowie Freundlichkeit, Wärme und Herzlichkeit. Darüber hinaus ist eine wichtige Aufgabe von Führungskräften, immer wieder Zeiten und Räume für einen Dialog zu schaffen, wo *alle* Sichtweisen der Mitarbeiter:innen geäußert und respektiert werden und wo am Ende auch klare Entscheidungen getroffen werden. Da empathische Präsenz ein wesentlicher Schlüssel zum gelingenden Gespräch mit Einzelnen oder Teams ist, sollte es eine Selbstverständlichkeit sein oder werden, dass Laptops und Smartphones ausgeschaltet sind.

Kommen wir nun zu drei verschiedenen Gesprächsanlässen: das Gespräch in der Probezeit, das Jahresgespräch und der Team-Workshop. Wir beginnen mit den *Gesprächen in der Probezeit*, die nicht oder viel zu selten stattfinden, und wenn sie stattfinden, dann meist schlecht vorbereitet, unseriös begleitet und wenig reflektiert. Manche Führungskräfte sind am Ende der Probezeit sogar überrascht, dass diese Phase jetzt zu Ende ist. Ein solches Verhalten ist nicht nur unprofessionell, sondern gegenüber den Mitarbeiter:innen und der Organisation unverantwortlich. Problematische Mitarbeiter:innen kann man oft bereits in der Probezeit erkennen, wenn sich eine Führungskraft die Zeit für Gespräche mit dem neuen Mitarbeiter und den alten Mitarbeitenden nimmt. »Wer in der Probezeit feststellt, dass er eine falsche Personalauswahl getroffen hat, erspart sich und dem Mitarbeiter eine mitunter langwierige und dennoch unfruchtbare Personalentwicklung.«[111] Grundsätzlich gilt: *Perfektionisten und Menschen, die eine große Liebe für Zahlen haben, sind für eine Führungsaufgabe selten geeignet.*

Wir kommen nun zum *Mitarbeitergespräch* und zum *Team-Workshop*. Die Begeisterung für ein Jahresgespräch ist bei vielen Führungskräften sehr gering, meist, weil sie selbst nicht ein einziges Mal erlebt haben, was alles passieren kann, wenn eine solches Gespräch vom Vorgesetzten engagiert geführt wird. Der Erfolg eines Jahresgespräches hängt entscheidend von der schriftlichen Vorbereitung der Gesprächspartner – am besten anhand eines strukturierten Leitfadens[112] – ab. Viele Gespräche im Alltag finden zwischen Tür und Angel statt und die Kommunikation beschränkt sich in der Hektik des Alltags meist nur auf das Allernötigste, während es im Jahresgespräch die Möglichkeit gibt, in Ruhe über Ziele und Ergebnisse, Probleme und Fragen der Zusammenarbeit sowie Erfolge und die berufliche Entwicklung zu sprechen. Viele Mitarbeiter:innen erleben dieses wertschätzende und klärende Gespräch – mit bewusstem Abstand zum Tagesgeschehen – als motivierend. Unsicherheiten werden abgebaut und das Vertrauensverhältnis vertieft sich. Die erfolgreiche Integration des Mitarbeitergespräches in die Führungskultur hängt besonders davon ab, dass im Vorfeld alle Ängste und Vorbehalte der Mitarbeiter:innen ernstgenommen werden und Führungskräfte und auch die Organisationsspitze den Wert dieses Führungsinstruments verstanden haben. Der berufliche Alltag zeigt, dass zwischen Ideal und Wirklichkeit eine große Kluft besteht, weil viele Führungskräfte nicht die Bereitschaft haben, sich auf diese intensive Gesprächsform einzulassen. Daher braucht es viel Überzeugungsarbeit, damit sich *alle* ernsthaft auf die Mitarbeitergespräche einlassen.

Eine Alternative oder Ergänzung ist der *Team-Workshop*, der von einem externen Moderator geleitet wird. Das ganze Team zieht sich ein oder zwei Tage an einen ruhigen Ort zurück, um über die Beziehungen im Team zu sprechen und sich Zeit für einige wichtige Fragen zu nehmen: Wie gehen wir täglich miteinander um? Wie ist unsere Gesprächs- und Besprechungskultur? Welche Verhaltensweisen von mir werden als (nicht) hilfreich erlebt? Welchen Wert schaffe ich für meine Kollege:innen? Welche Probleme löse ich für meine Kollege:innen? Was läuft dabei gut? Wo gibt es Engpässe? Was ist änderbar und wie? Was nicht? Welche Erfolge wollen wir feiern?[113]

TAO-Selbsterforschung

- Wie intensiv pflege ich meine Beziehungen und Freundschaften?
- Wie viel Zeit nehme ich mir für Gespräche mit meinen Mitarbeiter:innen, die nicht zwischen Tür und Angel stattfinden?
- Wie gut kann ich mich in einem Mitarbeitergespräch zurücknehmen und zuhören?
- Welche Vorbehalte oder Ängste gibt es bei mir bezüglich Mitarbeiterjahresgesprächen und Team-Workshops?
- Welche Fähigkeiten habe ich, um Konfliktgespräche erfolgreich zu führen?

Konstant lernen und wachsen

An dem Tag, an dem Du denkst,
Du kannst nicht mehr besser werden,
fängst Du an,
immer den gleichen Song zu spielen.
David Bowie

Die nachfolgende Geschichte zeigt sehr anschaulich, dass wir beim Lernen eine Wahl haben. Wir können es versäumen, unseren Horizont zu erweitern, oder wir können uns für den Weg des konstanten Lernens und Wachsens entscheiden: »Einer alten indischen Schöpfungsgeschichte zufolge schuf Gott zunächst eine Muschel und legte sie auf den Meeresboden. Dort führte sie kein aufregendes Leben. Den ganzen Tag über tat sie nichts anderes, als ihre Klappe zu öffnen, etwas Meerwasser hindurchfließen zu lassen und dann wieder die Klappe zu schließen. Tagaus, tagein gab es für sie nichts anderes als Klappe auf, Klappe zu, Klappe auf, Klappe zu, Klappe auf, Klappe zu … Dann schuf Gott den Adler. Ihm gab er die Freiheit, zu fliegen und selbst die höchsten Gipfel zu erreichen. Es existierte fast keine Grenze für ihn. Allerdings zahlte der Adler für diese Freiheit einen Preis: Täglich mußte er um seine Beute kämpfen. Nichts fiel ihm einfach so zu. Wenn er Junge hatte, mußte er oft tagelang jagen, um genügend Futter heranzuschaffen. Aber diesen Preis bezahlte er gerne. Schließlich schuf Gott den Menschen und führte ihn zuerst zu der Muschel und anschließend zum Adler. Dann forderte er ihn auf, sich zu entscheiden, welches Leben er führen wolle.«[114]

Konstant zu lernen und wachsen ist ein Grundbedürfnis des Menschen, doch viel zu oft haben Schule und Ausbildungen bewirkt, dass diese Freude am Lernen verlorengegangen ist und besonders bei Führungskräften hat dies zur Folge, dass diese in Verhaltensmuster verfallen, die weit unter ihrem Niveau liegen und für Mitarbeitende demotivierend sind. Was ist also zu tun, wenn die Erkenntnis gereift ist, so frei wie »ein Adler« werden zu wollen? Sieben Aspekte werde ich nun vorstellen, die sich sowohl bei mir selbst als auch bei den von mir begleiteten Führungskräften als förderlich erwiesen haben.

Der eigene Horizont lässt sich durch *Bücher* erweitern. Wer einen guten Gesamtüberblick über die Arbeit einer Führungskraft wünscht, dem sei das Buch »Führen« von Daniel F. Pinnow empfohlen, wer einen kurzen und knappen Überblick wünscht, das lesenswerte Büchlein »Führungskunst« von Claus Eurich oder das Buch von Torsten Schrör »Führungskompetenz durch achtsame Selbstwahrnehmung und Selbstführung«. In all den Jahren haben mich die Bücher von Reinhard K. Sprenger über Motivation, Selbstverantwortung, Vertrauen und Führungsarbeit immer wieder neu inspiriert und zum eigenen Nachdenken angeregt.

Ich selbst schreibe seit vielen Jahrzehnten ein *Journal*, um mich zu bestimmten Themen innerlich zu klären und mir die Zeit zu nehmen, verschiedene *Fragen zur Selbstreflexion* – und in diesem Buch gibt es über 200 Fragen zur Selbsterforschung – schriftlich zu beantworten.

Es kostet uns auch nichts, regelmäßig um ein *Feedback* zu bitten. Im Privaten können wir unseren Partner und unsere Kinder fragen: Was hat Euch in diesem Jahr gut gefallen und soll auch im neuen Jahr so bleiben, was soll abgeschafft oder verändert werden und womit sollen wir neu anfangen? Und in der gleichen Weise können Führungskräfte ihre Mitarbeiter:innen fragen, was sie an der Führungsarbeit schätzen und was nicht, was fortgesetzt, verändert oder abgeschafft werden soll? Hilfreich ist es, diese Rückmeldungen im eigenen Journal zu verschriftlichen, darüber nachzudenken und dann diesen Personen eine Rückmeldung zu geben.

Der Mensch lernt so lange, wie er lebt?
Irrtum, er lebt so lange, wie er lernt.
Heinz M. Goldmann

Ein großer Lerngewinn besteht darin, *andere Menschen kennenzulernen, um von diesen zu lernen*. Wer Neugierde und Forschergeist in sich hat, für den ist es ein Vergnügen, sich durch Menschen inspirieren zu lassen, die viele Erfahrungen gewonnen haben, mit großer Freude lernen und ihre Einsichten gerne mit anderen zu teilen bereit sind.

Eine gute Möglichkeit, neue Impulse zu erhalten, sind *Seminare*, besonders zur Persönlichkeits-, Kommunikations- und Führungskräfteentwicklung. Die Angebote dafür sind vielfältig. Das Lernen wird unterstützt, wenn wir vorab klären, welche Fragestellungen wir für uns geklärt haben wollen und nach jedem Seminartag notieren, was wir gelernt haben, was dies für unsere Führungsarbeit bedeutet und welche Fragen offengeblieben sind.

Die Bedeutung der *Stille* wird an verschiedenen Stellen in diesem Buch angesprochen. Wer ahnt, dass Stille und Ruhe für das eigene Leben und die Führungsarbeit wichtig sind, dem empfehle ich, vor Ort ein achtwöchiges Training in Stressbewältigung durch Achtsamkeit (MBSR) zu besuchen oder an einem Zen-Kurs in einem Meditationszentrum oder Kloster teilzunehmen.

Zum Schluss die vielleicht wichtigste Form des Lernens und Wachsens: das *kontinuierliche Einzelcoaching.* Im geschützten Rahmen eines Coaching ist es möglich, alle Fragen rund um die eigene Führungsarbeit zu klären, neue Sichtweisen zu gewinnen, schwierige Gespräche vorzubereiten und die eigene Führungsrolle zu reflektieren.

TAO-Selbsterforschung

- Wie lerne und wachse ich als Führungskraft?
- Was braucht es für ein kontinuierliches Lernen und Wachsen?
- Wo besteht bei mir Lern- und Verbesserungspotential?
- Was genau habe ich in den letzten Wochen und Monaten gelernt?

Reflexionsveranstaltung

Führung heißt eine Welt zu gestalten,
der andere gern angehören wollen.
Daniel F. Pinnow

Die Reflexionsveranstaltung bietet die Gelegenheit für einen Rückblick auf die acht grundlegenden Führungskompetenzen. Zugleich wird es wichtig sein, zusammen mit den Führungskräften die Themen herauszuarbeiten, die einer Vertiefung bedürfen und zu entscheiden, wie das Weiterlernen in der Organisation gestaltet werden kann. In dem Training achtsame Führungskräfteentwicklung wurde deutlich, wie anspruchsvoll eine Führungstätigkeit ist. Es braucht nicht die Kopie eines speziellen Führungsstils, sondern den *Mut zum eigenen Stil*. Die ideale Führungskraft gibt es nicht, wohl aber authentische Menschen, die sich ihrer Stärken und Schwächen bewusst sind und zu beiden Seiten ihrer Persönlichkeit stehen. Diese Art und Weise der Führung wird nur gelingen, wenn es bei der Führungskraft die Bereitschaft zu einem kontinuierlichen Lernen gibt und daher kommt es auf die Selbstführung der Führungskraft an. Bei der Mitarbeiterführung geht es um eine *verlässliche innere Haltung* der Führungskraft und nicht um irgendwelche Techniken und Tricks. Und es geht um die Überwindung eines autoritären Top-down-Systems, »weil es fast unvermeidlich zu einer

Eltern-Kind-Dynamik zwischen dem Vorgesetzten und den Mitarbeitern führt.«[115] und die Mitarbeiter:innen so ihre archetypische Rolle des Kindes nicht überwinden.

Der Autor Daniel F. Pinnow schreibt am Ende seines umfangreichen und sehr lesenswerten Buches »Führen. Worauf es wirklich ankommt«: »Wenn ich provokant behaupte, führen heißt auch lieben, meine ich damit harte Arbeit. Sich selbst und die Menschen um sich herum wirklich wahr- und annehmen, ihre Stärken zu fördern, ihnen Selbstverantwortung und Selbstbestimmung zu ermöglichen, sie loszulassen und auf ihre individuelle Leistungsfähigkeit und ihre intrinsische Motivation zu vertrauen, als Führungskraft Macht auszuüben, Orientierung und ein Vorbild zu bieten und sich dabei trotzdem zurückzunehmen – das alles erfordert Mut, Anstrengung, permanentes Lernen, Selbstkritik, Konfliktfähigkeit, Ausdauer und Kraft. Führen ist Leistung.«[116]

Damit diese geniale Zusammenfassung kein frommer Wunsch bleibt, braucht es eine *kontinuierliche* Führungskräfteentwicklung für *alle* Führungskräfte, nicht nur für die Anfänger:innen, sondern auch für die Chefs, Geschäftsführer und Vorstandsmitglieder und auch für die Führungskräfte, die schon lange ihre Rolle ausführen. Es bleibt sehr zu hoffen, dass die mangelhafte praktische Aus- und Weiterbildung von Führungskräften bald der Vergangenheit angehört und immer mehr Menschen erkennen: *Führen heißt, die Menschen zu lieben, und damit das gelingt, braucht es Herzensbildung.*

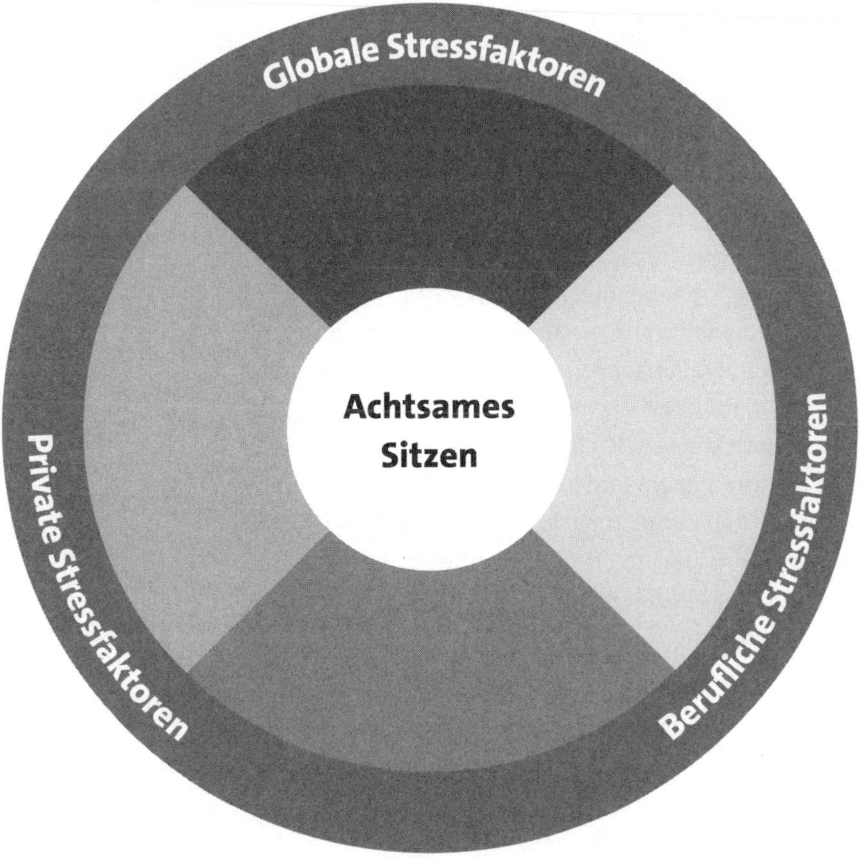
Globale Stressfaktoren
Private Stressfaktoren
Berufliche Stressfaktoren
Achtsames
Sitzen

TAO-Übung 5:

Achtsames Sitzen

Nehmen Sie sich jetzt Zeit für *achtsames Sitzen.* Hören Sie auf der beiliegenden CD 1 die TAO-Übung 5. Sie können auf einem Stuhl oder Hocker sitzen oder wenn es für Sie möglich ist, auch auf einem Sitzbänkchen oder Kissen. Wichtig ist, dass Sie so mühelos wie möglich Ihre Wirbelsäule aufrichten können. Richten Sie Ihre Aufmerksamkeit auf Ihren Atem und kehren Sie immer wieder neu zu Ihrem Atem zurück, wenn Sie sich in Gedanken, Erinnerungen oder Fantasien verloren haben. Lassen Sie sich Zeit, die Übung in Ruhe zu beenden.

Modul 4: Achtsame Organisationsentwicklung

Achtsamkeitspraxis kann von innen
heraus wesentliche Entwicklungsbewegungen
auf der persönlichen Ebene anstoßen,
doch damit diese innere Veränderung
auch im Außen, also im Unternehmen,
nachhaltige Spuren hinterlassen kann,
ist immer auch das System aufgefordert,
sich zu wandeln.
Paul Kohtes, Nadja Rosmann[117]

Von der Führungskräfteentwicklung kommen wir jetzt zur achtsamen Organisationsentwicklung oder vom »Wir« zum »Ganzen«. Das Training *Achtsame Organisationsentwicklung* umfasst acht Themen, die für einen Kulturwandel wesentlich sind. Während die ersten drei Trainings aus je acht Treffen im Abstand von einer Woche bestehen, sind beim letzten Achtsamkeitsmodul verschiedene Arbeitsformen vorstellbar. Vielleicht gibt es eine Arbeitsgruppe, die sich mit den verschiedenen Impulsen dieses Kapitels beschäftigt, um anschließend einen umfassenden Veränderungsprozess anzustoßen. Vielleicht geht die Chef:innenetage mit wichtigen Führungskräften und einigen Mitarbeitenden in eine moderierte Klausurtagung oder aber an der Trainingsstruktur im Abstand von einer Woche wird festgehalten.

Immer mehr Menschen spüren, dass es so, wie bisher, nicht weitergehen kann und es dringend einen Kulturwandel in Organisationen braucht. Eine grundlegende Veränderung braucht vor allem eine achtsame innere Haltung, und wir lesen bereits bei Albert Schweitzer: *Das Heil der Welt liegt nicht in neuen Maßnahmen, sondern in einer anderen Gesinnung.* Es braucht innere Ruhe, integrales Denken, wertschätzende Beziehungen auf allen Ebenen sowie eine tiefgreifende Veränderung der Organisationskultur. Für die beiden Initiatoren von »Kulturwandel in Unternehmen und Organisationen«[118] Gerald Hüther und Sebastian Purps-Pardigol bedeutet der Kulturwandel Folgendes: »Eine Veränderung der Führungs- und Beziehungskultur – weg von einer Kultur, die Arbeitskraft als bloße Ressource sieht, hin zu einer Potentialentfaltungskultur.«[119] Damit ein solcher Transformationsprozess gelingt, muss er nicht nur handwerklich professionell gestaltet, sondern vor allem von der obersten Leitung gewollt, vorgelebt und aktiv unterstützt werden. Dabei ist es entscheidend, dass für die Mitarbeiter:innen viele Handlungsmöglichkeiten geschaffen werden.

Eine Veränderung ist sowohl im Verhalten des Individuums als auch in den Verhältnissen der Institution notwendig. Ein Wandel, der nur bei den Menschen ansetzt, greift zu kurz und hat nur eine begrenzte Wirkung. Von Anfang an gilt es, die Organisation zu entrümpeln, damit alles einfacher wird, und dabei im Blick zu behalten: »Institutionen prägen das Verhalten der Menschen weit mehr, als Menschen Institutionen prägen.«[120]

Die stille Revolution

Führung ist eine Frage
von Haltung und Bewusstsein.
Bodo Janssen

Eine Mitarbeiterbefragung im Jahr 2010 brachte es in der Hotel- und Ferienhaus-Kette Upstalsboom ans Tageslicht. Die Mitarbeitenden fühlten sich schlecht geführt, hatten Angst und wünschten sich einen anderen Chef. Der Unternehmer Bodo Janssen erkannte, dass auch in seinem Unternehmen der Satz gilt: *Der Fisch stinkt vom Kopf her*. Doch anstatt zu jammern, wählte Bodo Janssen einen anderen Weg. Er nahm die schlechten Nachrichten ernst, veröffentlichte sie, wählte den direkten Kontakt mit seinen Mitarbeiter:innen und Führungskräften und sprach auch über seine eigenen Schwächen, Unsicherheiten und Verfehlungen. Außerdem zog er sich anderthalb Jahre lang immer wieder in ein Kloster zurück, um an Führungskräfte-Seminaren mit Anselm Grün teilzunehmen und sich Zeit für Stille und Selbstreflexion zu nehmen. Diese Zeiten des Rückzuges wurden ihm so wichtig, dass Bodo Janssen zu einem späteren Zeitpunkt auch seinen siebzig Führungskräften diesen Bewusstwerdungsprozess ermöglichte. In diesen Seminaren erkannten die Teilnehmenden, dass das *Hauptproblem in der Haltung der Führenden* lag. Ein gemeinsamer Lernprozess wurde angestoßen und so entstanden nicht nur eine veränderte innere Haltung, sondern auch wichtige Einsichten:

- Voraussetzung zum Wandel ist der Wille zur persönlichen Entwicklung.
- Die Führungskraft braucht Stille, um sich selbst zu finden.
- Selbsterkenntnis ist eine wichtige Voraussetzung für Freiheit.
- Nur wer sich selbst führen kann, kann auch andere führen.
- Der Mensch und nicht der Gewinn stehen im Mittelpunkt.
- Führung ist Dienstleistung und kein Privileg.
- Potentialentfaltung statt Ressourcenausnutzung.
- Wertschöpfung durch Wertschätzung.

Ausgangspunkt für die neue Organisationskultur bei Upstalsboom war die Verhaltensänderung der Führung, *denn Leitung muss das vorleben, was sie sich von den Mitarbeiter:innen wünscht*. Diese neue, die Menschen liebende Grundhaltung, führte dann auch zu einem Wertewandel und einem neuen Leitbild. Im Unternehmen Upstalsboom entstanden ein neues Verhaltensleitbild, der »Wertebaum«, sowie ergänzende 32 Thesen mit vertiefenden Fragen. Die Weiterentwicklung der Menschen ist dem Unternehmen sehr wichtig und so entstand das Upstalsboom-Curriculum. Es bietet allen Menschen im Unternehmen, von den Auszubildenden bis zu den Geschäftsführenden, die Möglichkeit, sich gemeinsam in insgesamt sechs aufeinander aufbauenden Seminaren auf eine persönliche und unternehmerische Entwicklungsreise zu begeben.

> Die Stille bringt mich in Berührung mit mir selbst.
>
> *Anselm Grün*

Darüber hinaus gibt es soziale Projekte, wie den Bau von Schulen in Ruanda, den Kinofilm »Die Stille Revolution« sowie verschiedene Bücher von Bodo Janssen zu seinen Erfahrungen mit einer sinn- und menschenorientierten Organisationskultur. Eine Frage wird dabei immer wieder gestellt: Rechnet sich für Upstalsboom das ganze finanzielle Engagement in die Mitarbeitenden und Führungskräfte? Die Zahlen sprechen für sich:

- Verdopplung der Unternehmensumsätze innerhalb von drei Jahren
- Die Weiterempfehlungsquote der Gäste liegt heute bei 98 Prozent
- Die Auslastung der Hotels ist von 57 auf 67 Prozent gestiegen
- Die Krankheitsquote ist von 8 auf 3 Prozent gesunken
- Steigerung der Zufriedenheit der über 600 Mitarbeiter:innen auf 80 Prozent

Nicht verschwiegen werden soll, dass 15 Führungskräfte nach der ersten Mitarbeiterbefragung gekündigt haben, weil sie mit der Kritik nicht umgehen konnten; zwei weiteren Führungskräften wurde nach einer Übergangszeit von zwei Jahren gekündigt, weil sie sich nicht verändern wollten.

Und zum Schluss eine Erkenntnis von Bodo Janssen, die auch für mich wichtig ist: »Die aufrichtige, kluge und sinnvolle Frage ist für mich das Führungsinstrument schlechthin. Das, was die Menschen wirklich in Bewegung setzt, sind ihnen gestellte Fragen. Eine maßgebliche Aufgabe besteht darin, das Fragen zu kultivieren. Bei sich selbst und im Unternehmen.«[121]

Wer sich für achtsame Organisationsentwicklung interessiert, der braucht »das Rad nicht neu zu erfinden«, sondern darf sich von gelungenen Veränderungsprozessen wie bei Upstalsboom inspirieren lassen. Und es gibt noch viele andere Beispiele, die zu einem Kulturwandel anregen können, wie beispielsweise die Kliniken Heiligenfeld oder das Unternehmen SAP.[122] Für diese Unternehmen gilt: Stille, Meditation und Achtsamkeit sind von grundlegender Bedeutung.

TAO-Selbsterforschung

- Was haben die anderen, die Kolleg:innen, die Kund:innen, das Unternehmen und die Gesellschaft davon, dass es mich gibt?
- Welche organisatorischen und persönlichen Voraussetzungen brauchen wir, damit Beziehungen gelingen können?
- Was können wir tun, damit unsere Zusammenarbeit noch besser wird?
- Was können wir tun, damit wir in Zukunft innovativ sind?[123]

Wandel im Denken

Wenn es uns nicht gelingt,
durch ein neues, ganzheitliches Denken
den Gang der Entwicklung radikal umzuwenden,
gibt uns der bisherige Verlauf der Geschichte
wenig Grund zum Optimismus.
Jon Kabat-Zinn[124]

»Die Menschheit steht vor nichts anderem als der Schaffung eines neuen Denkens und einer neuen Philosophie, da die alte Wachstumsphilosophie nachweislich falsch ist«[125], so heißt es im neusten Bericht des Club of Rome. Die Schattenseiten des modernen leistungsorientierten Paradigmas sind unübersehbar: Profit und Konsum ohne Rücksicht auf die Mitwelt, Gier, Wachstumszwang, Schnäppchenjagd, gnadenlose Konkurrenz, kurzfristige Politik, massive Überschuldung, Verknappung der Rohstoffe und die Zerstörung unserer Lebensgrundlagen. Ein verantwortungsloses kurzfristiges Denken ist die Basis unserer ungezügelten Marktwirtschaft. Wir haben in den modernen Organisationen eine Stufe erreicht, »wo wir oft das Wachstum um des Wachstums willen anstreben, ein Zustand, den man in medizinischen Begriffen als Krebs bezeichnen würde.«[126]

Der Atomphysiker Fritjof Capra hat in seinen beiden Büchern »Das Tao der Physik« und »Wendezeit« allgemeinverständlich dargestellt, warum es zu der radikalen Infragestellung des bisherigen naturwissenschaftlichen Weltbildes kommen musste und wie die neue, ganzheitliche Beschreibung der Wirklichkeit im Einzelnen aussieht. Das naturwissenschaftliche Weltbild basiert auf einem rigiden Richtig-Falsch-Wahrheitsbegriff und ist unter anderem geprägt von der Trennung zwischen Subjekt und Objekt und der Unterscheidung zwischen Geist und Materie. Kurz gesagt: ein mechanistisches Weltbild, das sowohl die Natur als auch den Menschen analog dem Modell einer Maschine erklärt.

Insbesondere bei der Entwicklung wissenschaftlicher Theorien, aber auch bei der Umsetzung komplexer technologischer Systeme, hat sich dieses analytische Denkmodell bewährt. Gleichzeitig führte die Überbewertung dieses Denkmodells, das die Zusammenhänge der Welt durch Reduktion auf ihre kleinsten Teile erklärt, zu einer Zersplitterung, die für unser Denken wegweisend geworden ist. Ein derart analytisches Denken basiert auf der Bevorzugung »maskuliner« Werte (rationales Wissen, Analyse und Expansion), wobei gleichzeitig »feminine« Werte (intuitive Weisheit, Synthese und ökologisches Bewusstsein) vernachlässigt werden.

Das naturwissenschaftliche Denken des ersten Drittels des letzten Jahrhunderts hat sich durch die Erfahrungen verschiedener Physiker als zu begrenzt erwiesen, um die Phänomene der Natur zu erklären. Bei der Erforschung der atomaren und subatomaren Welt kamen die Wissenschaftler mit einer seltsamen und unerwarteten Wirklichkeit in Kontakt, »welche die Grundlagen ihrer Weltanschauung zum Einsturz brachte und sie zwang, ihr Denken neu auszurichten. In ihrem Bemühen, diese neue Wirklichkeit zu begreifen, wurde den Wissenschaftlern schmerzlich bewusst, dass ihre Grundbegriffe, ihre Sprachen und ihre Art zu denken nicht ausreichten, um die atomaren Phänomene zu beschreiben. Ihre Probleme waren nicht nur intellektueller Art, sondern schlossen auch eine tiefgreifende emotionale und existenzielle Erfahrung ein.«[127]

Nicht wenige Physiker hatten eine existenzielle Krise zu überwinden, als sie sich damit abfinden mussten, dass ihr bisheriges naturwissenschaftliches Denken keine angemessene Basis mehr für ihre Forschungen bot, und sie suchten und fanden neue Wege des Verstehens. Diese neuen Denkansätze veränderten die Perspektive radikal in Richtung auf ein *ganzheitliches Weltverständnis*. Die moderne Physik brachte eine Weltanschauung hervor, die als organisch, ganzheitlich und ökologisch charakterisiert werden kann. Nicht mehr das Bild einer Maschine, bestehend aus vielen Einzelteilen, ist das Erklärungsmuster für die Welt und das Universum, sondern das Bild eines lebendigen Organismus, dessen Teilbereiche untrennbar miteinander verflochten sind. Gegenwärtig vollzieht sich der Wandel zu einem ganzheitlichen Weltbild nicht nur in der Physik, sondern auch in der Medizin, der Biologie, der Psychologie sowie in den Sozial- und Wirtschaftswissenschaften. Nach Capra ist dieser Wandel die Voraussetzung, um unsere Krisensituation zu verstehen und unsere Wertvorstellungen grundlegend zu verändern.

Wie lässt sich nun das neue Denken beschreiben? Beim ganzheitlichen Denken steht nicht der Mensch, sondern das *Leben* im Mittelpunkt. Das Denken ist langfristig orientiert und im Vordergrund steht nicht Profitabilität, sondern das Wohl aller Lebewesen. Übertragend auf Organisationen bedeutet dies: Potentialentfaltung statt Ressourcenausnutzung als neue Art und Weise der Mitarbeiterführung. Führung geschieht nicht aus einer technischen Perspektive und ist kein Privileg, sondern entsteht aus einer menschlichen Haltung und versteht sich als Dienstleistung. Der Mensch handelt in der alten Weltsicht oft aus Angst, während das neue Denken von Vertrauen geprägt ist. Zum ganzheitlichen Denken gehört auch die Fähigkeit, in Paradoxien zu denken, so dass das einfache Entweder-oder-Denken überwunden wird durch ein Sowohl-als-auch-Denken. Wichtig sind nicht nur Rationalität, sondern auch Intuition, Werte und Sinn.[128]

TAO-Selbsterforschung

- Wozu fühle ich mich berufen und wie kann ich damit der Welt dienen?
- Wie sehr bin ich in Übereinstimmung mit mir bei meinen Entscheidungen?
- Wie trainiere ich den »Muskel« der Intuition?

Die Fähigkeit zur Selbstführung

Alles wirklich Große und Inspirierende
wird von Menschen geschaffen,
die in Freiheit arbeiten können.
Albert Einstein

Soll es zu einer umfassenden Transformation des Bewusstseins in einer Organisation kommen, dann führt kein Weg an der Selbstführung vorbei. Selbstführung ist eine Fähigkeit, die von Mitarbeiter:innen und Führungskräften erlernt werden kann, und beinhaltet verschiedene Aspekte. Da geht es zunächst um *Selbsterkenntnis*[129], um einen achtsamen Blick auf die eigene Persönlichkeit, um Selbstwahrnehmung und Selbstreflexion. Zum anderen geht es um *Selbstverantwortung,*[130] die Einsicht, dass wir für unser Verhalten und unsere Reaktionen auf das, was geschieht selbst verantwortlich sind. Dazu gehört auch, Handlungsspielräume sehen und gestalten zu lernen und unsere Potentiale zu erkennen und sinnvoll einzusetzen.

Drei Stufen der Selbstführung[131] gilt es zu unterscheiden. Es geht in einem *ersten Schritt* um die Fähigkeit des achtsamen Innehaltens *vor* alltäglichen Entscheidungen und Handlungen. Dieser Blick nach innen ist für viele Menschen nicht selbstverständlich und so will das Innehalten über einen längeren Zeitraum eingeübt werden. Ein guter Anfang besteht darin, sich dreimal am Tag mit sich selbst »zu verabreden« und sich inmitten des »alltäglichen Wahnsinns« drei Minuten Zeit zu nehmen, um den Arbeitseifer durch die Übung des achtsamen Innehaltens[132] zu unterbrechen. Auf diese Weise lernen wir, aus dem Autopiloten auszusteigen und kultivieren Achtsamkeit am Arbeitsplatz. Wenn uns dies immer besser gelingt, gilt es, auch bei anstehenden Entscheidungen zunächst den Blick nach innen zu richten und die Gedanken, Gefühle und Körperempfindungen bewusst wahrzunehmen.

In einem *zweiten Schritt* richten wir dann unseren Blick auf die äußere Wirklichkeit. Dies scheint zunächst einfacher, denn als soziale Wesen haben wir gelernt, uns im Außen zu orientieren. Wir glauben zu wissen, was andere Menschen bewegt und beschäftigt, insbesondere wenn es sich um Menschen handelt, mit denen wir in engem Kontakt stehen. In Wirklichkeit sehen wir die anderen jedoch selten so, wie sie wirklich sind. Wir sehen, was wir sehen wollen, und dieses Bild ist bestimmt von unseren eigenen Ängsten, Bedürfnissen, Vorlieben und Vorurteilen. Der Blick nach außen lädt ein, ganz bewusst meine eigene Sichtweise zur Seite zu schieben. Damit schaffen wir Raum für die Wirklichkeit der Menschen, mit denen wir durch eine Situation verbunden sind. So gut es uns möglich ist, versuchen wir deren Einschätzung zu erfassen, unabhängig davon, ob sie uns gefällt oder nicht.

In einem *dritten Schritt* treffen wir eine bewusste Entscheidung für eine Option, nachdem wir zuvor die verschiedenen Wahlmöglichkeiten[133] ausgelotet haben. Abschließend wird die Entscheidung, falls andere Menschen von ihr betroffen sind, nachvollziehbar erläutert und ggf. vereinbart und dokumentiert.

Selbstführung ist nicht nur für die einzelne Person wesentlich. Immer mehr moderne Organisationen entdecken, dass das herkömmliche Pyramidenmodell zu viel von wenigen Menschen erwartet und zu wenig von allen anderen Menschen verlangt. Deshalb entstehen immer mehr *selbstführende Organisationen*. Die nachfolgende Übersicht verdeutlicht den Unterschied zwischen den beiden Organisationsformen.[134]

Klassische Organisationen	Selbstführende Organisationen
Hierarchische Pyramide	Selbstorganisierte Teams
Festgesetzte Besprechungen auf jeder Ebene	Besprechungen, wenn Bedarf besteht
Große Abteilungen	Vereinfachtes Projektmanagement
Feste Stellenbeschreibungen	Flexible, definierte Rollen
Kontrollmechanismen	Vertrauenskultur
Entscheidungsfindung weit oben in der Pyramide	Dezentralisierte Entscheidungsfindung
Vertrauliche Besprechungen vor einer Entscheidung	Transparenter Austausch von Informationen
Entscheidungen über die Vergütung werden vom Vorgesetzten getroffen.	Die Gehälter werden – in Absprache mit den Kolleg:innen – selbst festgelegt.

In viele Organisationen existieren Ängste davor, das alte Pyramidenmodell der ungleichen Machtverteilung zu überwinden und eine selbstführende Arbeitsweise zu etablieren. Doch insbesondere junge Menschen verstehen Selbstführung ganz intuitiv und wünschen sich bei der täglichen beruflichen Arbeit Vertrauen, kreative Freiräume, Gestaltungsmöglichkeiten und sinnvolle Entscheidungsprozesse. Vor dem Hintergrund des demographischen Wandels und anderer Veränderungen in der unsicheren und komplexen Arbeitswelt ist es auch ein Gebot der Klugheit, die alten Organisationsformen zu überwinden. Auf dem Weg zu einer neuen Organisation braucht es ein Hinterfragen der Ängste und eine Überprüfung des eigenen Menschenbildes sowie eine fundierte Qualifizierung und kontinuierliche Unterstützung der Teams in der Selbstführung, damit diese in der Praxis erlernt wird und im Alltag gelingt.[135]

TAO-Selbsterforschung

- Warum sind wir der Auffassung, dass Menschen Druck brauchen, um gute Leistungen zu erbringen?
- Welches Menschenbild hat die Organisation, und was braucht es, um die Mitarbeiter:innen mit neuen Augen zu sehen?
- Warum wünscht sich die Organisation etwas anderes als Selbstführung?
- Wie könnte ein System verteilter Autorität aussehen, und was braucht es, um die Struktur der Pyramide zu verändern oder zu ersetzen?

Die Suche nach Ganzheit

Wenn wir der Weisheit und Wahrheit
unserer Seele zuhören wollen,
müssen wir Momente finden,
um innezuhalten.
Frederic Laloux

Die Idee und die Verwirklichung der Ganzheit hat viele Denker beschäftigt, so auch Albert Einstein, der in einem Brief an einen Rabbiner 1950 schrieb: »Der Mensch ist ein zeitlich und räumlich begrenzter Teil des Ganzen, das wir ›Universum‹ nennen. Er erfährt sich selbst, seine Gedanken und Gefühle als etwas vom Rest des Ganzen Abgetrenntes – was eine Art optischer Täuschung ist. Diese Täuschung ist wie ein Gefängnis, das uns auf unsere persönlichen Belange und auf die Zuneigung zu den wenigen uns am nächsten stehenden Menschen einengt. Unsere Aufgabe muss darin bestehen, uns aus diesem Gefängnis zu befreien, indem wir unser Mitgefühl auf alle Wesen und die Natur in ihrer ganzen Schönheit ausdehnen. Auch wenn uns dies nicht vollständig gelingen kann, so ist doch bereits das Streben nach diesem Ziel Teil der Befreiung und Grundlage für das Gefühl innerer Geborgenheit.«[136]

In vielen Organisationen ist nur ein kleiner Teil des Menschen gefragt und zwar meist der Kopf. Der Rest des Körpers wird meist »an der Garderobe« abgegeben. Die Folge ist, dass sich viele Arbeitsplätze leblos anfühlen, Menschen sich ängstlich hinter einer professionellen Maske verstecken und nur einen kleinen Teil ihres Potentials leben. Außerdem gehen sie nicht das Risiko ein, ihre Zweifel und Hoffnungen auszudrücken. Doch immer mehr Menschen wünschen keinen dauerhaften Maskenball, sondern wollen sich als ganze Menschen einbringen, ihre Wahrheit ausdrücken und aus einer inneren Haltung der Liebe und Ganzheit heraus arbeiten.

Durch die Übung der Achtsamkeit können wir die Fähigkeit entwickeln, außer dem Getrenntsein auch die Ganzheit wahrzunehmen.

Jon Kabat-Zinn

Die Weisheitstraditionen sprechen über diese tiefere Ebene des Menschseins. Wir alle sind zutiefst miteinander verbunden und Teil des großen Ganzen, auch wenn wir diese Wahrheit vergessen haben. Spirituelle Wege »sagen uns, dass unsere tiefste Bestimmung im Leben darin besteht, unsere Ganzheit wiederzufinden, in uns und in unserer Verbundenheit mit der äußeren Welt.«[137] Diese Einsicht inspiriert evolutionäre Organisationen. Sie verändern ihre Arbeitsweise und unterstützen die Menschen bei der Suche nach Ganzheit und Verbundenheit, so dass die Mitarbeiter:innen dann sagen: *Ich habe das Gefühl, hier kann ich wirklich ich selbst sein.*

Die nachfolgende Übersicht[138] auf S. 226 gibt einen ersten kleinen Einblick, wie unterschiedlich klassische und evolutionäre Praktiken aussehen.

Klassische Praktiken	Evolutionäre Praktiken
Viele Statussymbole	Keine Statussymbole
Leitbilder hängen an der Wand	Kontinuierliche Gespräche über die Werte und Spielregeln
Keine Freiräume	Raum der Stille, Achtsamkeitsübungen und Selbstreflexionen
Vorgefasste Stellenbeschreibungen	Stellenbeschreibungen werden selbst verfasst
Bewerbungsgespräche mit der Personalabteilung	Bewerbungsgespräche mit den zukünftigen Kolleg:innen
Versuch, erbrachte Leistungen zu objektivieren	Persönliche Untersuchung des eigenen Lernweges
Fachliche Weiterbildungen für die jeweiligen Sachgebiete	Kulturbildende Weiterbildungen, an denen jeder teilnimmt

Die evolutionär organisierten Heiligenfeld Kliniken haben in einer ganz selbstverständlichen Art und Weise Stille und Reflexion in ihren Arbeitsalltag integriert. Mitarbeitende erhalten die Gelegenheit, Meditation zu erlernen und jeden Tag gibt es eine angeleitete Meditation, zu der jeder eingeladen ist. Darüber hinaus gibt es viermal im Jahr einen Tag der Achtsamkeit, den sowohl die Patient:innen als auch die Mitarbeitenden im

Schweigen verbringen. Eine Praxis, durch die in besonderer Weise Verbundenheit und Ganzheit gefördert wird, findet einmal in der Woche statt und dauert eine Stunde und fünfzehn Minuten: Etwa 350 Mitarbeitende kommen zu diesem Termin zusammen, um innezuhalten und zu reflektieren. Jedes Treffen ist einem Thema gewidmet, das zu Beginn allen vorgestellt wird. Anschließend gibt es Raum und Zeit für Gespräche in kleinen Gruppen von sechs bis zehn Personen. Diese Zusammenkünfte sind ein intensives Training für das ganze Unternehmen und schaffen ein tiefes Gefühl der Verbundenheit.

TAO-Selbsterforschung

- Was hindert mich daran, mir einen Büroraum zu schaffen, der Lebendigkeit, Wärme, Schönheit und Kreativität ausstrahlt?
- Was könnte mir helfen, mich mutiger in das Leben zu begeben, das durch mich gelebt werden will?
- Wie werde ich bei meiner Arbeit darin unterstützt, meine Ganzheit zu finden und Verbundenheit zu erleben?
- Welche Möglichkeiten sehe ich, Achtsamkeit und Selbstreflexion in meiner Organisation einzuführen und zu verankern?

Auf den evolutionären Sinn hören

Was wäre, wenn wir nicht länger versuchen würden, die Zukunft zu erzwingen? Was wäre, wenn wir stattdessen einfach mit dem, was sich zeigen will, tanzen?
Frederic Laloux

Sinn schafft in einer Organisation Gemeinsamkeit, Begeisterung, Ausrichtung und ein neuer, vielleicht sogar faszinierender Blick auf die eigene Tätigkeit. Doch viel zu viele Menschen arbeiten nur, um Geld zu verdienen, und finden in ihrer Arbeit weder Sinn noch Erfüllung. Sie erkennen kein übergeordnetes Ziel in ihrem Tun und denken über den höheren Sinn ihrer Arbeit meist erst nach, wenn sich das Unternehmen in einer Krise befindet. In der klassischen Sichtweise geht es darum, erfolgreich und besser als die Konkurrenz zu sein. Im Vordergrund stehen die Selbsterhaltung der Organisation, der Profit und die Interessen der Investoren. Evolutionäre Organisationen hingegen fragen sich, welchem Sinn sie dienen wollen, und nehmen sich Zeit, um herauszufinden, was die Organisation aus sich heraus werden will. In evolutionären Organisationen sind finanzielle Gewinne ein Nebenprodukt guter Arbeit. Der Psychologe Viktor Frankl fand dafür passende Worte: »Erfolg und Glück kann man nicht verfolgen, man muss ihnen folgen. Sie stellen sich nur ein als ein unbeabsichtigter Nebeneffekt der eigenen persönlichen Hingabe an einen Sinn, der größer ist als man selbst.« Hier zeigt sich ein weiteres großes Paradox: Indem wir uns auf den Sinn statt auf den Gewinn fokussieren, stellen sich schließlich oft auch größere Gewinne ein.[139]

Evolutionäre Organisationen fragen sich, was das tiefste kreative Potential ist, um etwas Neues in die Welt zu bringen, und finden dabei heraus, was sich wirklich lohnt zu tun. Es geht nicht mehr nur darum, die Arbeit zu erledigen, sondern die eigene Berufung herauszufinden und zu schauen, in welcher Weise die Berufung in Verbindung mit der Organisation steht.

> Der Gewinn ist wie die Luft, die wir atmen. Wir brauchen die Luft, um zu leben, aber wir leben nicht, um zu atmen.
>
> *Frederic Laloux*

Arbeitsfreude und Kreativität geschehen, wenn es viele Schnittmengen zwischen dem individuellen und übergeordneten Sinn gibt. Der Wandel hin zu einer sinnstiftenden Organisation verändert viele Vorgehensweisen; beispielsweise werden Besprechungen nur dann einberufen, wenn sie notwendig sind, Ziele werden nicht mehr von oben diktiert, sondern von den Mitarbeitenden selbst festgelegt, Persönlichkeits- und Kommunikationsentwicklung stehen bei der Weiterbildung für alle im Vordergrund und Zulieferer werden nach anderen Gesichtspunkten ausgewählt. Die nachfolgende Übersicht[140] verdeutlicht weitere Unterschiede zur heute vorherrschenden klassischen Organisationsform:

Klassische Sichtweise	Evolutionäre Sichtweise
Wachstum und Marktanteile sind die wichtigsten Triebkräfte.	Wachstum ist wichtig, wenn es zur Verwirklichung des Sinns beiträgt.
Von außen nach innen: Weckung von Kundenbedürfnissen.	Von innen nach außen: Das Angebot wird durch den Sinn vorgegeben.
Planung basiert auf Vorhersagen und Kontrolle.	Planung erfolgt durch das Achten auf neue Gelegenheiten.
Viele Werkzeuge des Veränderungsmanagements.	Die Organisation ist in einem ständigen Veränderungsprozess.
Zulieferer werden nach Preis und Qualität ausgewählt.	Zulieferer werden nach ihren Werten ausgewählt.
Gewinn ist die wichtigste Kennzahl.	Gewinn stellt sich ein, wenn das Richtige getan wird.

Das Menschenbild einer Organisation bestimmt das Verhalten der Mitarbeiter:innen und daher haben evolutionäre Organisationen immer ein positives Menschenbild. Wenn die Leitung der Organisation nicht nur ein positives Menschenbild hat, sondern sowohl Selbstführung als auch die Suche nach Ganzheit und Sinn vorlebt, dann fühlen sich meist auch die Mitarbeitenden eingeladen, sich auf den Kulturwandel einzulassen. Obwohl das Menschenbild von so zentraler Bedeutung für eine sinnstiftende Organisation ist, machen sich die meisten Führungskräfte darüber keine

Gedanken. Wer jedoch ein positives Bild vom Menschen hat, der sieht kreative und vertrauenswürdige Menschen, die motiviert sind und Freude an der Arbeit haben, die für ihr Tun und Handeln verantwortlich sein und einen positiven Beitrag zur Organisation leisten wollen. Solche Menschen brauchen keine »Karotte vorgehalten bekommen«, um gute Ergebnisse zu erzielen, sondern handeln aus einer inneren Motivation heraus und in einer selbstverantwortlichen Art und Weise.

TAO-Selbsterforschung

- Was ist die Berufung der Organisation?
- Welche Verbindung spüre ich mit dem Sinn der Organisation?
- Welche Chance habe ich, mich in dieser Organisation zu entwickeln?
- Welches Handeln verlangt der Sinn meiner Organisation?
- Welche Produkte oder Dienstleistungen, die die Organisation erschafft oder erbringt, erfüllen ein echtes Bedürfnis in der Welt?
- Wie muss eine Organisation gestaltet sein, damit wir unser Tun als sinnerfüllt erleben können?

Von der Konkurrenz zur Kooperation

Zu kooperieren, anderen zu helfen und
Gerechtigkeit walten zu lassen, ist eine global anzutreffende,
biologisch verankerte menschliche Grundmotivation.
Dieses Muster zeigt sich über alle Kulturen hinweg.
Joachim Bauer

Werte geben unserem Leben eine wichtige Grundorientierung, doch sind die Werte im privaten Leben meist ganz andere als im beruflichen Leben. In Partnerschaft, Familie und Freundschaft sind Vertrauen, Ehrlichkeit, Wertschätzung, Empathie, Kooperation und gegenseitige Hilfe wichtige »Leitsterne«, während es bei der Arbeit vorrangig um Gewinnstreben, Konkurrenz und Macht geht. Immer mehr Menschen leiden unter diesem Widerspruch und nicht wenige verlassen sogar gut bezahlte Stellungen, um einer Tätigkeit nachzugehen, die sinnerfüllt ist. Andere Menschen verharren in ihren Positionen und erleben, wie die Werte der Wirtschaft auch auf ihr Privatleben abfärben. Trotz der unheilvollen Auswirkungen unserer Wachstumsphilosophie auf die ganze Welt ist immer noch die Vermehrung des Finanzkapitals und nicht die Bewahrung der Schöpfung das oberste Ziel. Kein Wunder, dass die Umweltzerstörungen und die Schäden am Gemeinwohl bisher nicht in den Bilanzen von Unternehmen zu finden sind.

Die Folge des kurzfristigen Denkens ist, dass die ökologische Zerstörung weiter voranschreitet: *Wir sägen an dem Ast, auf dem wir selbst sitzen.* Nach einer Umfrage der Bertelsmann-Stiftung wünschen sich 88 Prozent aller Deutschen eine neue Wirtschaftsordnung und zugleich gibt es keine politische Mehrheit für weitreichende Änderungen unseres Wirtschaftsmodells.

Der Gemeinwohl-Ökonomie, die der österreichische Philologe, Autor[141] und politische Aktivist Christian Felber 2010 ins Leben gerufen hat, geht es um die Überwindung von Kapitalismus und Sozialismus. In seinem ethischen Wirtschaftsmodell geht es nicht mehr um unbegrenztes Wachstum, sondern um die Erhöhung des Gemeinwohls. Das Geld soll dem Menschen dienen und nicht umgekehrt. Erfolg wird nicht mehr am Finanzgewinn gemessen, sondern daran, in welcher Weise eine Organisation die Verantwortung für Mensch und Mitwelt übernimmt. Die Ermittlung, welchen Beitrag eine Organisation zum Gemeinwohl leistet, geschieht durch eine Gemeinwohl-Bilanz. Durch dieses Bewertungsverfahren wird überprüft, inwieweit eine Organisation dem Gemeinwohl dient. Die Bewertung von ökologischen und sozialen Aspekten erfolgt in Eigenregie, in einer Gruppe oder durch einen unabhängigen Prüfer. Grundlage für die Erstellung eines Gemeinwohl-Berichtes ist die *Gemeinwohl-Matrix.* Sie ist ein Modell zur Organisationsentwicklung und beschreibt zwanzig Gemeinwohl-Themen. Die vier Werte

Unser jetziges Wirtschaftssystem steht auf dem Kopf. Das Geld ist zum Selbst-Zweck geworden, statt ein Mittel zu sein für das, was wirklich zählt: ein gutes Leben für alle.

Christian Felber

der aktuellen Version (Matrix 5) sind: Menschenwürde, Solidarität und Gerechtigkeit, ökologische Nachhaltigkeit sowie Transparenz und Mitentscheidung. Diese Werte werden jeweils fünf eng verschiedenen Berührungsgruppen zugeordnet, mit denen die Organisation eng verflochten ist: Lieferant:innen, Eigentümer:innen und Finanzpartner:innen, Mitarbeitende, Kund:innen und Mitunternehmen sowie gesellschaftliches Umfeld. Bei der Erstellung der Gemeinwohl-Bilanz wird erkennbar, wie der einzelne Wert in Bezug auf die jeweilige Berührungsgruppe gelebt wird und welche Entwicklungsmöglichkeiten vorhanden sind. Auf diese Weise wird eine werteorientierte Weiterentwicklung einer Organisation gefördert. In einem weiteren Schritt werden die Ergebnisse extern überprüft, bevor dann die Gemeinwohl-Bilanz veröffentlicht wird.

> Die Orientierung am Gemeinwohl ist für mich das wichtigste Fundament der Zukunft und damit auch jeder künftigen Produktivitätssteigerung.
>
> *Helmut Lind*

Bisher haben sich über 2.300 Organisationen der Gemeinwohl-Bewegung angeschlossen, darunter auch so bekannte Organisationen wie die Sparda-Bank München, der deutsche Produzent für Outdoor-Ausrüstung Vaude und der ökologische Anbauverband Bioland.

Der neueste Bericht des Club of Rome von 2017 zeigt anhand verschiedener Beispiele auf, wie ein gesellschaftlicher Wandel gelingen kann. In dem Bericht heißt es: »Eine neue Wirtschaft der Verbundenheit könnten entstehen – als Alternative zu einer Wirtschaft der Rivalität und Trennung.«[142] Die gerade vorgestellte Gemeinwohl-Ökonomie, die das Wettbewerbsprinzip durch ein Prinzip der Zusammenarbeit ersetzen will, ist ein Beispiel für eine ökologische und soziale Wirtschaft.

TAO-Selbsterforschung[143]

- Wie sinnvoll sind die Produkte und Dienstleistungen meiner Organisation?
- Wie human sind die Arbeitsbedingungen?
- Wie ökologisch wird produziert und wie ethisch wird verkauft?
- Wie kooperativ und solidarisch verhält sich das Unternehmen zu anderen Unternehmen?
- Wie gut sind Gleichberechtigung und Gleichbezahlung zwischen Frauen und Männern realisiert?
- Wie demokratisch werden die Entscheidungen getroffen?

Leidbild oder Leitbild?

Fragen Sie jemanden,
der für eine Organisation arbeitet,
was das Leitbild der Organisation ist.
Wenn ich diese Frage stelle,
ernte ich meist einen leeren Blick.
Frederic Laloux

Die meisten »Leidbilder« klingen hohl, langweilig und nicht wirklich inspirierend. Sie hängen meist in einem Rahmen an der Wand und sind in den wenigsten Fällen handlungsleitend. Eine moderne Organisation hat ein Leitbild zu haben und darum wird es meist erstellt. Doch spätestens nach der Fertigstellung ist »die Luft raus« und es passiert nichts mehr. Das hat zur Folge, dass die Inhalte eines Leitbildes von den Mitarbeitern und Führungskräften einer Organisation nicht ernstgenommen werden. Daher gilt es, vorab eine Grundsatzfrage zu klären: *Will eine Organisation nur ein Leitbild haben, damit der äußeren Form genüge getan wird oder soll das Leitbild den Wertekompass bilden, an dem das tägliche Handeln immer wieder neu ausgerichtet wird?* Wenn es nur um die äußere Form geht, dann ist es ganz einfach: Es gibt genug Leitbilder, und es reicht aus, sich mit zwei oder drei Menschen der obersten Leitung an einem Wochenende zusammenzusetzen und auf dieser Basis ein eigenes Leitbild zu erstellen. Wenn es aber darum geht, mit einer Organisation herauszufinden, welche Werte für alle wesentlich sind, dann lohnt sich ein intensiver Prozess, der weit über eine Leitbildformulierung hinausgeht. Dieser Prozess hat zwei Aspekte: Zum einen ist es wichtig, möglichst alle Mitarbeitende der Organisation an dem Prozess der Leitbilderstellung zu beteiligen, denn jetzt haben die Mitarbeitenden die Chance zur gemeinsamen Standortbestimmung und Visionsbildung. Es geht sowohl um die Klärung der individuellen Werte als auch um die Werte der Organisation. Am Ende dieses kreativen Prozesses wird ein Leitbild formuliert, das möglichst nicht mehr als fünf bis sieben Aspekte aufweist, damit sie jeder im Blick behalten kann. Unterstützend dabei kann sein, die Organisation mit *einem* Kernsatz zu beschreiben.

Zum anderen gilt es festzulegen, wie das Leitbild nach innen und außen kommuniziert werden soll und wie die Werte umgesetzt werden. Dieser zweite Aspekt ist entscheidend und ganz und gar nicht selbstverständlich. Viel zu oft folgen nach den großen Worten keine Taten, und es gibt im Alltag nur wenige Führungskräfte, die beispielsweise in einer lebhaften Diskussion innehalten und einen Blick auf das Leitbild werfen. Daher gilt es schon vor dem Beginn der Leitbilderstellung zu vereinbaren, dass beispielsweise ein externer Berater nach einem Jahr zu einer Überprüfung in die Organisation kommt, um die Umsetzung der Werte im vergangenen Jahr mit den Mitarbeitenden der Organisation zu reflektieren. Nachfolgende Fragen können unterstützend sein: *Was ist gut gelaufen? Was ist nicht gut gelaufen? Was gilt es zu lassen, zu verändern, neu zu vereinbaren?* Durch das sofortige

Einplanen dieser Reflexionsveranstaltung wird von Anfang an deutlich, dass nicht die Leitbilderstellung das Wichtigste ist, sondern die Umsetzung des Leitbildes in den Alltag der Organisation.

Darüber hinaus ist es wünschenswert, dass eine Feedbackstelle in der Organisation geschaffen wird, wo die Mitarbeitenden im Laufe des Jahres mitteilen können, welche Werte gelebt werden oder wo es Probleme (z. B. Themen wie Sucht oder sexuelle Übergriffe) gibt. Wenn es schwerwiegende Konflikte gibt, so ist vorab zu klären, welches Konfliktmanagementsystem es bereits in der Organisation gibt bzw. welches System geschaffen werden muss, damit die Mitglieder der Organisation im Konfliktfall nicht »im Regen stehen gelassen« werden. Bisher haben nur einzelne Organisationen das Wertethema auch in ihre jährlichen Mitarbeitergespräche aufgenommen. In diesem Zusammenhang ist ein Austausch über die Wertepraxis für alle sehr förderlich. Zuletzt geht es um die Frage der Durchsetzbarkeit der Werte. Zu besprechen und zu vereinbaren ist: *Welche Vorgehensweisen gibt es, wenn es zu schwerwiegenden Werteverstößen kommt? Welche Sanktionen sind vorstellbar und würden in einem solchen Falle von wem wie umgesetzt?*

Ein sehr ungewöhnliches Leitbild fand ich bei dem österreichischen Unternehmen GEA Waldviertler. Es ist kurz und knapp gehalten, beim Lesen dieser drei unkonventionellen und geistreichen Aussagen musste ich schmunzeln und nun kommt das Wichtigste: dieses Leitbild habe ich mir nicht nur gemerkt, sondern ich habe über diese Aussagen immer wieder neu nachgedacht. Heinrich Staudinger, der Gründer und Geschäftsführer schreibt: »Da es in unserem Leben ganz wesentlich ist, ob wir in unseren

Angelegenheiten von Angst getrieben oder mutige Gestalter sind, ob wir klug oder blöd sind und ob wir uns von der Liebe leiten lassen oder vom Geld, handeln unsere Firmenprinzipien von diesen wesentlichen Haltungen im Leben … Sehr gerne diskutiere ich mit meinen Neffen und Nichten (im Alter von 3 bis 14 Jahren) über unsere Firmengrundsätze. *1. Scheiß di ned au! 2. Bitte, sei ned so deppat!* … mit großer Ernsthaftigkeit, dass nichts im Leben uns mehr hindert als die Angst. Dass es aber genug Situationen im Leben gibt, wo Mut alleine nicht genügt. Und drum ist unser zweiter Grundsatz auch sehr wichtig, nämlich nicht deppat zu sein, sondern klug … eines Abends … diskutierten wir wieder über unsere Grundsätze, da fragte mich die kleine Rosi: ›Heini, habt ihr nicht auch noch einen dritten Firmengrundsatz?‹ Ich dachte bis dahin, dass diese zwei Grundsätze genug wären. Ich wollte sie aber nicht enttäuschen, drum sagte ich: ›Ja, freilich haben wir noch einen dritten Grundsatz.‹ Und während Rosi noch fragte: ›Und wie heißt der?‹, dachte ich mir, mutig und klug sind Einbrecher auch, jedoch fehlt ihnen die sinnvolle Orientierung. Und so sagte ich zu Rosi: ›Unser dritter Grundsatz ist der allerwichtigste, und er heißt: *Orientiere dich an der Liebe!*‹«[144]

TAO-Selbsterforschung

- Welche Werte sollen in der Organisation handlungsleitend sein?
- Wie verbinden wir uns immer wieder neu mit unserem Wertekompass?
- Wie überprüfen wir, wie wir unsere Werte im beruflichen Alltag leben?

Das Geschenk des Hofnarren

Was wir brauchen, sind ein paar verrückte Leute;
seht euch an, wohin uns die Normalen gebracht haben.
George Bernard Shaw

Im Mittelalter gab es in Europa viele Hofnarren. Sie fungierten als weise Ratgeber und durften dem Herrschenden unverblümt Dinge sagen, die sich andere nicht trauten. Dabei brauchten sie keine negativen Konsequenzen zu befürchten, denn sie hatten ihre Narrenfreiheit. Hofnarren wurden in vielen Fällen zu wichtigen Ratgebern, hielten dem Herrschenden einen Spiegel vor und stellten sein Verhalten in Frage – sehr oft in einer humorvollen Weise. Ihr Witz lockerte festgefahrene Strukturen auf. Zugleich war der Hofnarr meist auch ein ernster Mensch, der geschickt und ungefiltert Stimmungen, Missstände und Verfehlungen aufzeigen konnte und die Herrschenden damit zum Nachdenken anregte.

Warum braucht es heute Närrinnen und Narren in den Organisationen? In den klassischen Chefetagen ist es meist sehr still, wenn es um ehrliche Rückmeldungen geht. Mitarbeitende, aber auch Führungskräfte haben viel zu oft Angst, die eigenen Einschätzungen offen und direkt mitzuteilen, und verhalten sich lieber zurückhaltend und angepasst. So kommt es oft zu einer bemerkenswerten Diskrepanz, wenn einerseits die Mitarbeitenden um eine Einschätzung gebeten werden und andererseits die Chefetage die gleiche Situation erläutern soll. Genau in dieser Situation ist ein moderner Hofnarr gefragt! Diese aufmerksamen Zuhörer:innen und vertrauensvollen Gesprächspartner:innen für *alle* Menschen in einer Organisation stellen die »richtigen« Fragen, bauen Brücken zwischen verschiedenen Menschen und ermutigen *alle* zur Selbstverantwortung. In ihrer Rolle sind sie sowohl Frühwarnsystem als auch Klärungshelfer:innen in verfahrenen Situationen. Augenhöhe im Dialog und Verschwiegenheit braucht es, damit Vertrauen entsteht. Wichtig ist ein Mensch, der ein gesundes Selbstvertrauen hat, der sowohl selbstreflektiert als auch vertrauenswürdig ist und keine eigenen Ambitionen in der Organisation hat, sondern dem Ganzen dienen will.

Die Kernaufgaben eines »modernen« Hofnarren oder einer Hofnärrin sind:

- unbequeme und negative Wahrheiten zu kommunizieren,
- Feedback zu geben, wie das Verhalten »von denen ganz oben« erlebt wird,
- Rückmeldung zu geben, was das Verhalten »von denen da unten« bewirkt,
- schlechte Stimmungen und Demotivation im Unternehmen zu benennen,
- das Management zu hinterfragen und bei der Selbstreflexion zu unterstützen,
- neue Ideen einzubringen und die Lust an Veränderungen zu wecken,
- auf ungelöste Konflikte aufmerksam zu machen,
- mutig zu irritieren und zu provozieren.

Die Aufgaben des modernen Hofnarren sind sehr anspruchsvoll, und es braucht eine Menge Menschenkenntnis und Organisationserfahrung, um diese Rolle mit Freude, Souveränität, Integrität und Humor auszufüllen.

Eine letzte Aufgabe der modernen Hofnärrinnen und Hofnarren besteht darin, den Chef oder die Chefin zu einem drastischen Perspektivwechsel einzuladen. Unser Leben ist endlich und am Ende viel schneller zu Ende als gedacht. Eine Frage stellt sich für uns alle und besonders für diejenigen, die eine Organisation führen, *was im Angesicht des Todes wirklich zählt*. Wenn ich mir vorstelle, ich liege auf dem Sterbebett und habe nur noch wenige Stunden zu leben: Macht mich die Vorstellung glücklich, viel Geld verdient, die Mitarbeiter:innen wie eine Zitrone ausgepresst zu haben und oft im getriebenen Modus meiner Arbeit nachgegangen zu sein? Oder will ich an meine glücklichen Mitarbeitenden denken, die mit Freude und Begeisterung gearbeitet haben, es honorierten, für ihre Arbeit wertgeschätzt zu werden und den Raum für Persönlichkeitsentwicklung geschenkt bekommen zu haben?

Für mich bedeutet Glück, das Leben bedingungslos zu lieben. Es bedeutet, die Freiheit zu haben, das zu leben, was mir als Mensch wichtig ist.

Bodo Janssen

Die Antwort auf diese Frage gebe ich *heute* mit meinem Verhalten und mit der Art und Weise, wie ich die Verhältnisse mitgestalte. Und es ist sicher nicht verkehrt sich daran zu erinnern, dass in der Bibel nicht das Geld, sondern die Liebe das Höchste ist – nicht nur privat, auch beruflich!

In diesem Kapitel über achtsame Organisationsentwicklung haben wir uns auch mit dem Unternehmer Bodo Janssen beschäftigt, der früher ein wenig beliebter Chef gewesen ist. Nach einer miserablen Mitarbeiter-Bewertung und vielen Tagen des Rückzuges in einem Kloster fand er seine Vision, nachdem er sich gefragt hatte, welche Bedeutung er seinem Leben geben will. Seine Antwort lautete: »Ich will meinen Teil dazu beitragen, dass Menschen das für sich finden, was sie noch ein bisschen glücklicher werden lässt. Ich will, dass sie sich so wie ich fühlen, als ich diese Klarheit für mich gewonnen habe. Der Anblick eines zufriedenen Menschen, das ist es, wofür ich jeden Tag aufstehe. Der Satz ist zu meinem Leitbild geworden, zu meiner Vision, die ich nun täglich zu verwirklichen versuche.«[145]

TAO-Selbsterforschung

- Welche Erfahrungen habe ich mit einem Hofnarren gemacht?
- Wem erlaube ich es, mir immer wieder den Spiegel vorzuhalten?
- Auf was will ich am Ende meines Lebens zurückblicken?
- Was will ich heute tun, damit es am Ende kein böses Erwachen gibt?
- Was ist für mein Leben das Wichtigste?

Reflexionsveranstaltung

Es war rückblickend betrachtet ein sehr mutiger Schritt,
den Kulturwandel auszurufen, weil wir alle nicht
abschätzen konnten, was das am Ende überhaupt bedeutet.
Wir wussten nur, dass die ökonomischen Kosten
des Nichtstuns zukünftig höher sein werden,
als wenn wir aktiv werden
und eine echte Veränderung vornehmen.
Tobias Krüger[146]

Wir sind am Ende unserer Reise zu mehr Achtsamkeit im beruflichen Alltag angekommen. Im vierten und letzten Modul ging es um acht wesentliche Themen für eine achtsame Organisationsentwicklung. Auch wenn es bisher noch wenige Organisationen sind, bei denen Achtsamkeit in einer umfassenden Weise in der Unternehmenskultur verankert ist, so zeigt das *Training Achtsamkeit in Organisationen (TAO)* wie ein Kulturwandel in einer Organisation auf den Weg gebracht werden kann. TAO ist ein intensives, kontinuierliches und umfassendes Trainingsprogramm, in dem Menschen sowohl zu einem inneren als auch einem äußeren Wandel eingeladen werden. Immer mehr Menschen leiden unter Unsicherheit, Arbeitsverdichtung, Veränderungsgeschwindigkeit und der Zerstörung unseres Planeten.

Und klar ist auch: Die individuellen und kollektiven Herausforderungen werden weiter zunehmen. Daher braucht es eine Perspektive für einen neuen Weg! Das Einüben und Einbringen von Achtsamkeit in den beruflichen Alltag ist ein Weg der Persönlichkeitsentwicklung und noch viel mehr: Es ist ein innovativer Ansatz der achtsamen Kommunikations-, Führungskräfte- und Organisationsentwicklung! Vor dem Hintergrund der globalen Krise braucht es für eine individuelle und kollektive Transformation auch eine säkulare Ethik und eine Vision für eine lebenswerte Erde.

Für die Durchführung eines Kulturwandels ist das Buch »Reinventing Organizations. Ein Leitfaden zur Gestaltung sinnstiftender Formen der Zusammenarbeit« von Frederic Laloux besonders inspirierend. Der Autor stellt zwölf Organisationen vor, die mindestens 100 Beschäftigte vorweisen können und seit mindestens fünf Jahren eine sinnstiftende Form der Zusammenarbeit vorleben. Frederic Laloux schreibt: »Ein einmaliges Trainingsprogramm ist oft unwirksam, wenn es darum geht, alte Gewohnheiten loszulassen und neue Verhaltensweisen zu entwickeln.«[147] Wünscht sich also eine Organisation einen Kulturwandel, dann führt kein Weg an einem *kontinuierlichen Lernprozess aller Personen in dieser Organisation* vorbei. Das Training Achtsamkeit in Organisationen (TAO) ist dabei von herausragender Bedeutung, weil das vierstufige Achtsamkeitstraining den Menschen ganzheitlich anspricht und sowohl eine Änderung im Verhalten als auch eine Veränderung der Verhältnisse bewirkt und die Menschen so aus der selbstverschuldeten Unmündigkeit befreit.

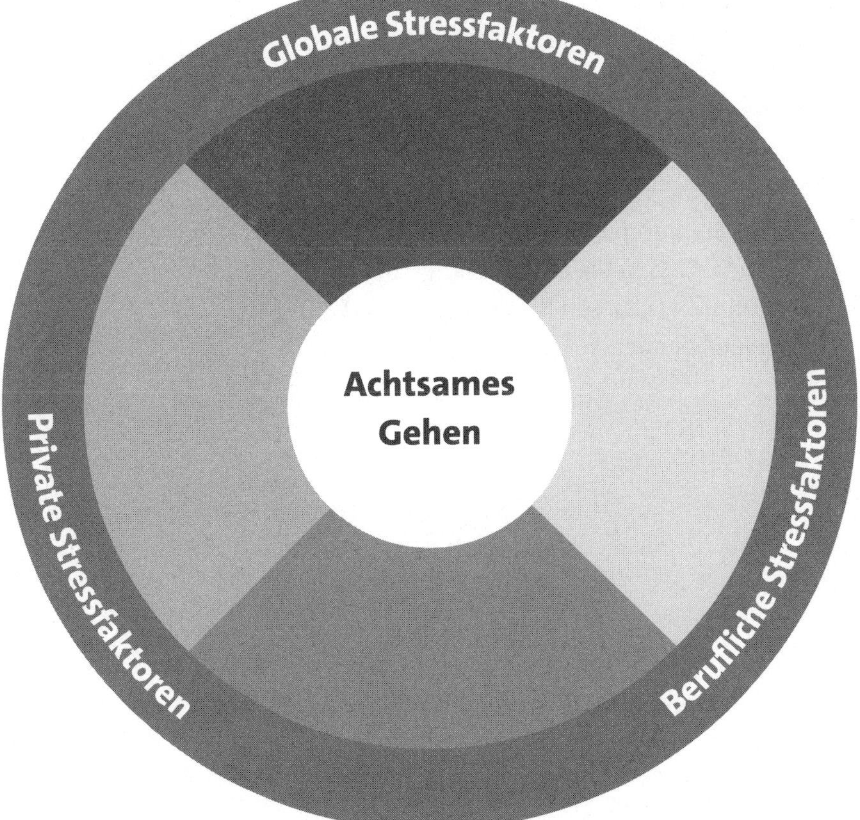
Globale Stressfaktoren
Achtsames Gehen
Private Stressfaktoren
Berufliche Stressfaktoren

TAO-Übung 6:

Achtsames Gehen

Nehmen Sie sich jetzt Zeit für *achtsames Gehen*. Hören Sie auf der beiliegenden CD 2 die TAO-Übung 6. Gehen Sie entschleunigt, neugierig und ohne ein Ziel. Lassen Sie sich Zeit, die Übung in Ruhe zu beenden.

III. Einführung von Achtsamkeit in Organisationen

Das wichtigste Ziel von Achtsamkeitspraxis ist,
mit sich selbst in Kontakt zu kommen.
Jon Kabat-Zinn

Die Einführung von Achtsamkeit in Organisationen ist eine anspruchsvolle Aufgabe, weil es dafür nicht nur eigene Erfahrungen mit der Praxis der Achtsamkeit braucht, sondern auch die Fähigkeit andere Menschen professionell anzuleiten und dabei das Gesamtgefüge einer Organisation im Blick zu haben und zu verstehen. Von der Offenheit und Akzeptanz der Leitung einer Organisation hängt es ganz wesentlich ab, inwieweit sich die Mitarbeitenden und Führungskräfte auf die Praxis der Achtsamkeit ein-

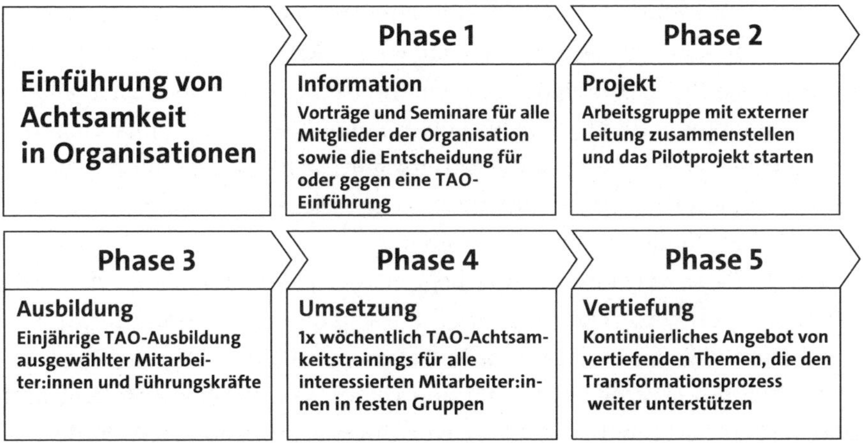

lassen können. Am Anfang braucht es grundlegende Informationen über die Haltung und Methode der Achtsamkeit und die Qualifizierung geeigneter Mitarbeiter:innen und Führungskräfte, darüber hinaus das Engagement für das kontinuierliche Trainieren von Achtsamkeit als einen festen Bestandteil in der Organisation. In meiner Arbeit kristallisierten sich fünf Schritte[148] heraus, wie Achtsamkeit in eine Organisation professionell eingeführt und verankert werden kann.

In der **Informationsphase** gilt es, durch Gespräche, Vorträge und Seminare bei der obersten Leitung, den Führungskräften und den Mitarbeitenden ein Bewusstsein dafür zu schaffen, was die wichtigsten Haltungen und Ziele der Achtsamkeitspraxis sind und welche verschiedenen Aspekte bei der Einführung zu beachten sind. Zum einen ist darauf hinzuweisen, dass Achtsamkeit viel mehr ist als Persönlichkeitsentwicklung und ein Beitrag zum betrieblichen Gesundheitsmanagement. Achtsamkeit ist ein *Weg der umfassenden Bewusstwerdung inmitten der globalen Krise,* und daher geht es sowohl um eine individuelle als auch um eine kollektive Transformation. Von zentraler Bedeutung ist die Bereitschaft, sich proaktiv mit den handlungsleitenden Werten der Organisation zu beschäftigen und die Kraft der Stille im beruflichen Kontext zu erleben.

Der Bewusstwerdungsprozess beginnt bei jedem Einzelnen mit dem wichtigen Hinweis, dass es gesundheitsschädigend ist, ohne bewusstes Innehalten über einen längeren Zeitraum zu arbeiten. Mittelmäßige Arbeitsergebnisse, wenig Kreativität und vor allem ein hoher Krankenstand sind meist die Folgen. Ein konstruktiver Umgang mit erhöhten Anforderungen und Stress kann nur gelingen, wenn auch im beruflichen Alltag Zeiten der Entspannung, der Stille und des Innehaltens selbstverständlich sind. Die Implementierung von Maßnahmen für die aktive Gesundheitsförderung und Persönlichkeitsentwicklung sind integraler Bestandteil der Fürsorgepflicht, die Vorgesetzte sich selbst und ihren Mitarbeitenden gegenüber haben; daher lade ich zu entsprechenden Orientierungsveranstaltungen über Achtsamkeit im Berufsleben vor allem die Führungskräfte ein.

> Actio und Contemplatio ergänzen sich beim Menschen als die polaren Zustände des einen Seins.
> Es ist hilfreich,Unterbrechungen, schöpferische Pausen und Zwischenzeiten einzuziehen.
>
> *Reinhard K. Sprenger*[149]

Nachdem die Entscheidung gefallen ist, Achtsamkeit in die Organisation einzuführen, beginnt die **Projektphase**. In einer Arbeitsgruppe kommen Menschen zusammen, die direkt oder indirekt mit dem Projekt zu tun haben: darunter mindestens eine Person aus der obersten Leitung, ausgewählte Führungskräfte, jemand aus der Personalentwicklung, eine Person aus dem betrieblichen Gesundheitsmanagement, ein Vertreter aus dem Personal- bzw. Betriebsrat etc. Damit die Arbeitsgruppe ihr ganzes Potential entfalten kann, hat es sich bewährt, dass die Arbeitsgruppe von einem externen Projektleiter über den Gesamtprozess begleitet wird. Diese Phase gilt es sehr sorgfältig zu gestalten und besonders auch die möglichen Schwierigkeiten und Hindernisse nüchtern zu analysieren. Als sehr günstig hat es sich in der Vergangenheit erwiesen, mit dieser Arbeitsgruppe ein Pilotprojekt durchzuführen, so dass die Teilnehmenden auf der Basis *eigener Erfahrungen* die nächsten Schritte vereinbaren können.

In der **Ausbildungsphase** werden ausgewählte Mitarbeiter:innen und Führungskräfte in einer mindestens einjährigen Ausbildung in Achtsamkeit in Organisationen geschult.[150] Sie erleben unterschiedliche Wege der Achtsamkeitspraxis, üben diese täglich ein, entwickeln ein umfassendes Verständnis von Achtsamkeit und lernen, andere Menschen in diesen Verfahren professionell anzuleiten. Entscheidend ist in dieser intensiven Schulungsphase, dass die Trainer:innen Achtsamkeit immer mehr verkörpern und aus der eigenen Erfahrung heraus Achtsamkeit authentisch, fundiert, weltanschaulich neutral und humorvoll anleiten lernen. Darüber hinaus braucht es die Fähigkeit, sich auf den Arbeitskontext einlassen zu können.

Mindestens einmal im Jahr besuchen alle Achtsamkeitstrainer:innen einen Coaching- und Vertiefungstag, an dem sie das Gelernte auffrischen, Fragen klären und neue Impulse zur Vermittlung von Achtsamkeit erhalten.

In der **Umsetzungsphase** leiten die geschulten Mitarbeitenden an ihren Arbeitsorten die Achtsamkeitstrainings, an denen alle interessierten Mitarbeiter:innen und Führungskräfte *während* der Arbeitszeit teilnehmen können. Die Achtsamkeitstrainings sind *freiwillig*, finden in einer festen Gruppe einmal wöchentlich statt und dauern zwischen 60 und 90 Minuten. Der »Goldstandard« ist – wie in diesem Buch dargestellt – ein Trainingszyklus mit acht Terminen einmal pro Woche. »Die Ergebnisse der wissenschaftlichen Evaluationen zeigen eindeutig, dass die Durchführung des wöchentlichen, achtmaligen Trainingssettings klare Vorteile bietet, gerade in der besseren Einhaltung der Teilnehmer, was Übungsdisziplin, Regelmäßigkeit und Termintreue betrifft.«[151] Vor allem für Menschen, die noch nicht lange ihre Ausbildungsphase hinter sich haben, ist es sehr unterstützend, dass der Projektleitende jederzeit ansprechbar ist, um aufkommende Fragen, Themen und Hindernisse zeitnah zu besprechen und zu klären.

Für die Mitarbeiter:innen und Führungskräfte, die die in diesem Buch beschriebenen Trainings durchlaufen haben, werden für die **Vertiefungsphase** Themen angeboten, die für die Mitarbeiter:innen oder für den Transformationsprozess der Organisation wesentlich sind. Sollte diese Form von Kontinuität nicht möglich oder gewünscht sein, können offene Meditationsgruppen eingerichtet werden, in denen das Gelernte einmal in der Woche unter Anleitung vertieft werden kann.

Bei der Einführung von Achtsamkeit ist die Einrichtung eines *Raumes der Stille* in der Organisation sehr förderlich ist. Dieser Raum ist mit Stühlen, eventuell auch mit Sitzkissen, Sitzbänkchen, Matten und Decken ausgestattet und darüber hinaus neutral gestaltet. Er steht allen Menschen einer Organisation – außerhalb der festen Zeiten für die Durchführung der TAO-Trainings – jederzeit als Raum für die Einübung von Achtsamkeit offen.

In diesem Buch habe ich *meinen* Weg der Einführung und der Verankerung von Achtsamkeit in Organisationen vorgestellt. Die Erfahrungen der letzten zehn Jahre haben gezeigt, dass das von mir entwickelte Training in achtsamer Persönlichkeitsentwicklung als Einstieg von sehr vielen Menschen aus unterschiedlichen Kontexten[152] als türöffnend erlebt worden ist. Für Menschen, die in einer Organisation erste Schritte der Achtsamkeit gehen, ist es gut zu wissen, dass schon viele andere Menschen vor ihnen mit diesem Training Erfolg gehabt haben. Wie es nach diesem ersten Achtsamkeitstraining weitergeht, kann sehr unterschiedlich aussehen, denn jede Organisation ist einzigartig und es gibt kein Programm, das für alle passend ist. Daher gibt es nach acht Trainingssequenzen immer eine Reflexionsveranstaltung, um mit den Teilnehmenden herauszufinden, wie die nächsten Achtsamkeitsschritte aussehen können. Vielleicht ist ein weiteres achtwöchiges Training sinnvoll und gewünscht, vielleicht müssen aber auch Themen angepackt werden, die durch das Training bewusst geworden sind oder bisher zu kurz kamen. Es ist zuweilen gar nicht so einfach herauszufinden, was am meisten Sinn macht und für welchen nächsten Schritt es genügend Bereitschaft bei den Teilnehmenden gibt.

Veränderungsprozesse beinhalten immer auch unerwartete Herausforderungen und eine »Erstverschlimmerung« kann eintreten, weil zu Beginn vielleicht die Gesamtsituation der Organisation als zu optimistisch eingeschätzt worden ist. In diesen schwierigen Momenten zeigt sich, wie proaktiv oberste Leitung, Arbeitsgruppe und Projektleiter zusammenarbeiten. Es gibt Organisationen, in denen in einer solchen Situation die schmerzlichen Themen

Es scheint eine allgemeine Regel zu geben: Die Bewusstseinsebene der Organisation kann nicht über die Bewusstseinsebene des Leiters der Organisation hinausgehen.

Frederic Laloux

angepackt werden und so ein kreativer Schritt nach vorne getan wird, es gibt aber auch berufliche Kontexte, bei denen die Führungskräfte nicht in den notwendigen Wandel einwilligen, so dass eine Fortsetzung der Achtsamkeitsarbeit nicht mehr sinnvoll oder möglich ist.

Vier Dinge braucht es für eine professionelle Einführung und Verankerung von Achtsamkeit in Organisationen inmitten der globalen Krise: die eigene intensive Erfahrung mit Achtsamkeit inklusive einer gelassen-engagierten Grundeinstellung, die Begeisterung für die in diesem Buch beschriebenen Themen, Werte und Vorgehensweisen, die Offenheit für andere achtsamkeitsbasierte Wege[153] sowie die Fähigkeit prozessorientiert zu arbeiten, damit *lebendiges Miteinander-Lernen* bei vielen Menschen in einer Organisation möglich wird.

TAO-Selbsterforschung

Ein Menschenbeben ist nötig! Vertiefungsfragen für uns alle

- Was ist meine Intention bei der Praxis und Vermittlung von Achtsamkeitsmeditation?
- Wie kann ich das ganze Potential von Achtsamkeit vermitteln, das von Gesundheitsförderung über Persönlichkeitsentfaltung und Organisationsentwicklung bis hin zu einer innovativen und nachhaltigen Unternehmenskultur reicht?
- Welchen Raum nimmt die ethische Dimension von Achtsamkeit ein und wie wird dieses Thema gelehrt?

- Wie feiern wir das erfreuliche Mysterium des Lebens im Spannungsfeld von Dankbarkeit und Herausforderung?
- Wie wirkt sich meine Praxis der Achtsamkeit aus: Bin ich eher angepasst, brav und normal oder bin ich auch aufgebracht, empört und bereit zum Ungehorsam inmitten einer Welt, die immer mehr aus den Fugen gerät?
- Wenn Achtsamkeit anders ist, als alles andere, weil es um das Sein und das Aufwachen geht, was bedeutet das dann für die Vermittlung von Achtsamkeit in Organisationen?

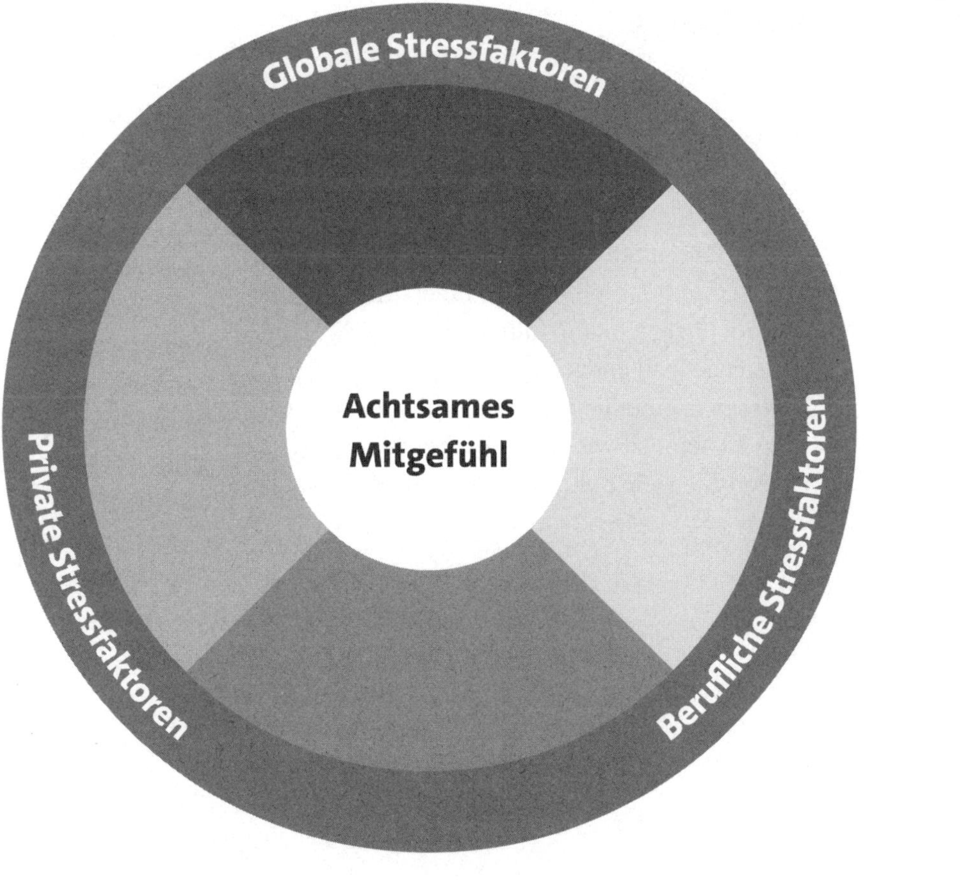
Globale Stressfaktoren
Private Stressfaktoren
Berufliche Stressfaktoren
Achtsames Mitgefühl

TAO-Übung 7:

Achtsames Mitgefühl

Nehmen Sie sich jetzt Zeit für *achtsames Mitgefühl*. Hören Sie auf der beiliegenden CD 2 die TAO-Übung 7. Nehmen Sie eine aufrechte Haltung im Sitzen ein und fühlen Sie sich eingeladen, mit sich selbst, anderen Menschen und allen Lebewesen in einer liebevollen, wohlwollenden Haltung zu sein, so wie es Ihnen heute möglich ist. Lassen Sie sich Zeit, die Übung in Ruhe zu beenden.

IV. Forschungsstand zu Achtsamkeit in Organisationen

Von Britta Hölzel

Dr. Britta Hölzel ist Diplom-Psychologin, MBSR- und Yoga-Lehrerin. Als Wissenschaftlerin untersucht sie die neuronalen Mechanismen der Achtsamkeitsmeditation mittels magnetresonanztomographischer Aufnahmen. Ihre Forschung führte sie am Massachusetts General Hospital / Harvard Medical School in Boston, USA, am Bender Institute of Neuroimaging der Justus-Liebig-Universität in Gießen (in Zusammenarbeit mit Ulrich Ott), an der Charité in Berlin und am Klinikum rechts der Isar in München durch. Ihre MBSR-Ausbildung erhielt sie am Center for Mindfulness an der University of Massachusetts Medical School. Sie praktiziert seit 1997 Yoga und Meditation und ist als Dozentin in der TAO-Ausbildung des Forum Achtsamkeit tätig.

Die Websites und Werbematerialien der Trainingsanbieter sind gespickt mit großartig klingenden Wirkungsbehauptungen der Achtsamkeitstrainings am Arbeitsplatz. Häufig ist die Rede von wissenschaftlich fundierten und auf den Neurowissenschaften basierenden Interventionen. Die Zahl der publizierten Studien über die Wirkung der Achtsamkeit am Arbeitsplatz ist jedoch noch nicht groß. Hinzu kommt, dass die meisten Studien qualitativ nicht sehr hochwertig sind. In den Wirkungsbehauptungen beziehen sich die Trainingsanbieter daher vermutlich meist zum einen auf bestehende wissenschaftliche Studien über die Wirkung von Achtsamkeit, die aber in anderem Umfang oder in anderen Kontexten durchgeführt wurden als am Arbeitsplatz oder aber auf eigene Datenerhebungen, die typischerweise den wissenschaftlichen Standards nicht genügen.

Im Folgenden werde ich zunächst auf die Literatur eingehen, die die Effekte der Achtsamkeit spezifisch im Kontext von Arbeit untersuchen. Im Weiteren möchte ich dann den Blickwinkel öffnen und auch auf andere Forschungsbereiche zu sprechen kommen.

Achtsamkeit am Arbeitsplatz

Wissenschaftlich aussagekräftige Studien über Achtsamkeit am Arbeitsplatz sind aufwändig und die Zahl der qualitativ ausreichenden Studien ist daher verständlicherweise noch relativ klein. Für ein gutes Studiendesign ist es erforderlich, Studienteilnehmer:innen oder auch ganze Abteilungen zufällig einer Interventionsgruppe und einer Kontrollgruppe zuzuordnen. Die Kontrollgruppe sollte bestenfalls ebenso eine aktive Intervention erhalten, die dem Achtsamkeitsprogramm in Aufbau und Ablauf möglichst ähnlich ist, aber keine Achtsamkeit beinhaltet, damit man unspezifische Effekte wie Interaktionen in der Gruppe, Aufmerksamkeit durch einen Trainer etc. kontrollieren kann. Die Teilnehmer sollten vom Kontrollprogramm auch eine gute Wirkung erwarten, um die meist sehr einflussreichen Erwartungseffekte kontrollieren zu können. Zudem sollten möglichst objektive Variablen erhoben werden, also physiologische Daten oder Leistungsparameter, da reine Fragebogendaten oft starken Effekten wie soziale Erwünschtheit oder Erwartungseffekten ausgesetzt sind.

Verschiedene Übersichtsartikel haben in den letzten Jahren den Stand der Forschung in Bezug auf Achtsamkeitsinterventionen am Arbeitsplatz zusammengefasst.

Eby et al. (2019) beschreiben die Charakteristika der Trainings und Studiendesigns der vorliegenden Studien zur Achtsamkeit am Arbeitsplatz. Die meisten der untersuchten Trainings basieren auf dem MBSR-Programm. In Bezug auf die untersuchten Variablen war Stress mit 80 Prozent der Studien die Hauptoutcome-Variable, gefolgt von durch Fragebogen erfasste Achtsamkeitswerte und Maße des Wohlbefindens. Leistungsparameter oder Führungsqualitäten wurden nur selten untersucht.

Ein Artikel von Lomas et al. (2017) bezog 112 Interventionsstudien und 41 korrelative Studien zur Achtsamkeit im Unternehmenskontext in ihre Übersicht mit ein. Die Autoren betonten, dass die Qualität der Studien insgesamt schlecht sei. Nur 21 der Interventionsstudien erfüllten hohe wissenschaftliche Standards. In ihrer Übersicht fassen die Autoren zusammen, dass die Datenlage insgesamt darauf hindeute, dass Achtsamkeitsinterventionen positive Effekte auf die Gesundheit nehmen (Stress, Angst, Burnout, Depression) und zudem die Lebenszufriedenheit, Arbeitszufriedenheit und das Wohlbefinden verbessern. Einzelne Studien berichteten zudem über verstärkte Empathie und mehr Mitgefühl.

Derzeit am aussagekräftigsten ist eine 2019 von Bartlett und Kollegen vorgelegt Metaanalyse, also eine Analyse, die alle vorliegenden Studien zusammenfasst, um zu ermitteln, wie sie im Schnitt wirken. Sie legen strengere Kriterien für das Einbeziehen von Studien an und fassen nur Ergebnisse randomisierter und (häufig mit Warteliste) kontrollierter Forschungsstudien zusammen, die den Effekt auf Stressreduktion sowie Verbesserungen in der mentalen Gesundheit, dem Wohlbefinden und der Arbeitsleistung untersuchen (Bartlett et al. 2019). Es wurden außerdem nur Studien berücksichtigt, in denen die Achtsamkeitstrainings vom Arbeitgeber angeboten wurden. Sie fanden 23 publizierte Studien, die die herangezogenen Kriterien erfüllten. Die Ergebnisse zeigten bedeutsame, mittlere Effekte auf die Variablen Achtsamkeit ($g = 0.45$, $p < .001$), Stress ($g = 0.56$, $p < .001$), Angst

($g = 0.62, p < .001$) und Wohlbefinden ($g = 0.46, p = .002$) und einen kleinen Effekt auf Schlaf ($g = 0.26, p = .003$). Die meisten Studien, die Follow-up-Effekte untersuchten, fanden, dass die Effekte auch nach mehreren Wochen und Monaten erhalten blieben. Keine Schlussfolgerungen konnten für Burnout, Depression und Arbeitsleistung gezogen werden. Interessant ist auch, dass es bisher keine publizierten randomisierten, kontrollierten Studien gibt, die untersuchen, ob Achtsamkeitstrainings Führungsqualitäten, Kreativität, das Treffen von Entscheidungen, organisatorisches Verhalten, Fehlverhalten oder Sicherheitsverhalten verbessern.

Einschränkend muss gesagt werden, dass nur fünf der herangezogenen Studien eine aktive Kontrollgruppe hatten. Viele der vorliegenden Studien zeigten methodische Schwächen. Bei der Interpretation der Ergebnisse muss außerdem betont werden, dass die in verschiedenen Studien untersuchten Trainings sehr unterschiedlich sind, so dass eine Verallgemeinerung der Aussagen schwerfällt. Sie variieren in der Länge (1 Tag bis 16 Wochen) und in der Methodik (Apps, Webinare, Live-Trainings). Auch die untersuchten Berufe sind zum Teil sehr unterschiedlich.

Wie Rupprecht et al. (2019) betonten, zielt die Praxis und Forschung zu Achtsamkeit am Arbeitsplatz noch fast ausschließlich auf das Individuum ab, anstatt darauf, auf Teamebene oder organisationaler Ebene Veränderungen zu bewirken. Achtsamkeit könnte aber gerade dieses Potential haben: organisationale Prozesse zu verändern, z. B. eine Teamachtsamkeit (ein kollektives Gewahrsein) zu schaffen, in der Teamerfahrungen und die zugrundeliegenden Absichten, Aufgaben, Prozesse, Klima und Strukturen bewusst und achtsam wahrgenommen werden. Bewirkte Veränderungen könnten dann z. B. reduzierte Konflikte, verbesserte interpersonelle Beziehungen, besseres Bemerken von Fehlern oder Problemen im Arbeitsprozess und erhöhte Team- oder organisationale Produktivität sein. Dafür bräuchte es neben veränderter theoretischer Arbeit aber auch breitere Trainings, die solche Potentiale in den Blickpunkt rücken und damit zugänglich machen, und eine erweiterte Qualifizierung der Trainer:innen sowie Forschungsstudien, die einen entsprechenden Blick einnehmen. Zusammenfassend kann festgehalten werden, dass nach derzeitigem Stand der Kenntnis Achtsamkeitstrainings am Arbeitsplatz dazu geeignet sind, Stress bei den Teilnehmer:innen zu reduzieren und einige Maße der psychischen Gesundheit zu erhöhen. Zu verbesserten Leistungsparametern oder veränderten Prozessen in der Organisation lässt sich derzeit noch keine Aussage treffen.

Der Stand der Achtsamkeitsforschung

Da die Anzahl der vorliegenden Studien im Bereich der Achtsamkeitstrainings am Arbeitsplatz noch nicht groß ist, lohnt es sich, für ein Verständnis der Wirksamkeit von Achtsamkeitstrainings auch auf andere Forschungsbereiche zu blicken und Studien wie klinische Wirksamkeitsstudien und experimentelle Laborstudien unter kontrollierten Bedingungen miteinzubeziehen. Dabei sollte jedoch wie oben erwähnt im Blick behalten werden, dass sich die Trainings am Arbeitsplatz zum Teil (z. B. in der Dosis) wesentlich von den in der klinischen und experimentellen Literatur untersuchten Programmen unterscheiden. Wirksamkeitsbehauptungen können daher nicht verallgemeinert werden, sondern sind nur als zu überprüfende Hypothese (Vorschlag) zu verstehen.

Wenn man sich das weitere Feld der Achtsamkeitsforschung insgesamt ansieht, so ist die Anzahl der Publikationen in den letzten zwei Jahrzehnten fast exponentiell angestiegen. Mittlerweile sind 9.560 Publikationen in der PubMed-Datenbank registriert (Abb. 1).

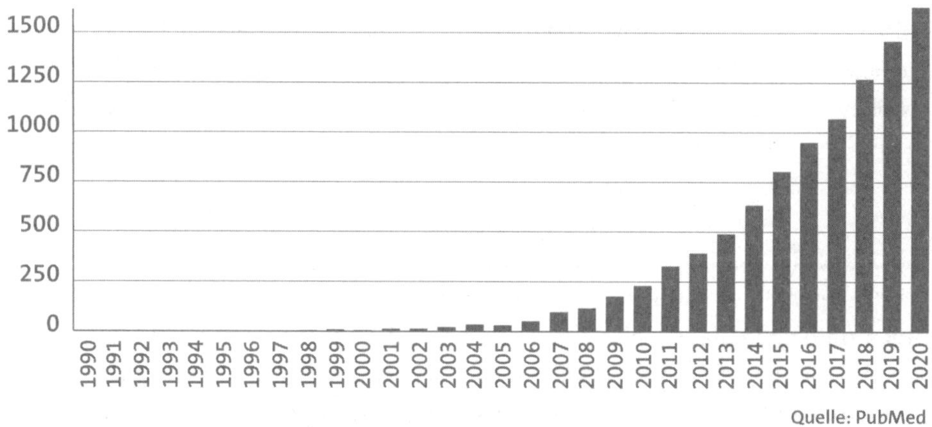

Abb. 1: Anzahl der Publikationen nach Jahr zum Suchbegriff »Mindfulness« gemäß der Literaturdatenbank PubMed (Abfrage 29.09.2021, Suchbegriff »Mindfulness« in Title / Abstract).

Bei dieser großen Anzahl an Publikationen kann man sich vorstellen, dass die Auswirkung von Achtsamkeit auf vielfältige Variablen betrachtet wurde. Zum Teil sind die Befunde in diesem recht jungen Feld noch widersprüchlich. Es kristallisiert sich aber insgesamt heraus, dass der Bereich, in dem die solidesten Befunde gezeigt werden konnten, der Bereich der psychischen Gesundheit ist. Hier fanden die vorliegenden Studien, dass Achtsamkeitsmeditation zu einer Anzahl positiver Effekte bei psychiatrischen, psychosomatischen und stress-bezogenen Erkrankungen führt. Sie wird deshalb zunehmend in psychotherapeutische Programme integriert (vgl. Baer 2003). Achtsamkeitsbasierte Interventionen werden unter anderem erfolgreich zur Rückfallprophylaxe bei wiederkehrenden depressiven Episoden eingesetzt (Hofmann et al. 2010; Teasdale et al. 2000), in der Behandlung bei Substanzabhängigkeit (Bowen et al. 2006) und bei Schmerzen (Grossman et al. 2007). Eine jüngere Metaanalyse (Goldberg et al. 2008) unterstreicht, dass man zum derzeitigen Zeitpunkt davon ausgehen kann, dass Achtsamkeit bei diesen Erkrankungen hilft; meist in vergleichbarem Maße wie andere gängige psychotherapeutische Verfahren. Achtsamkeit wird darüber hinaus auch nachweislich erfolgreich zur Reduktion von Stress (Khoury et al. 2015) und zur Behandlung von Angststörungen eingesetzt (Hofmann et al. 2010; Kabat-Zinn 1992; Roemer et al. 2008). Eine Reihe weiterer positiver Befunde gibt es außerdem bei Essstörungen (Tapper et al. 2009) bei Bipolaren Erkrankungen (Deckersbach et al. 2015) und bei der Aufmerksamkeitsdefizit- / Hyperaktivitätsstörung (Zylowska et al. 2008).

Eine Metaanalyse zur Berechnung der Effekte von achtsamkeitsbasierten

Interventionen, die die Effekte auf verschiedene psychische Erkrankungen kombinierte (Khoury et al. 2013) kam zu der Schlussfolgerung, dass achtsamkeitsbasierte Interventionen im Vergleich zu einer Warteliste-Kontrollgruppe oder in reinen Vorher-Nachher-Messungen mittelgroße Effektstärken aufwies. Im Vergleich zu anderen Behandlungen ergab sich noch eine kleine bis mittlere Effektstärke, d. h., die achtsamkeitsbasierten Therapien waren erfolgreicher als die Kontrollprogramme. Achtsamkeit erwies sich jedoch nicht als erfolgreicher als kognitiv-verhaltenstherapeutische Interventionen. Die deutlichsten Effekte zeigten sich bei Angstsymptomen und Depressionen; hier zeigten sich große Effektstärken.

Neben den Effekten auf die psychische Gesundheit wurde nachgewiesen, dass Achtsamkeitsmeditation positive Wirkungen auf gesundheitsbezogene Variablen hat, z. B. eine verbesserte Funktion des Immunsystems (Black & Slavich 2016), reduzierte Blutdruckwerte (de la Fuente et al. 2010) und reduzierte Kortisolspiegel (Carlson et al. 2007).

Aber Achtsamkeitsmeditation wird natürlich nicht nur erfolgreich in der Behandlung von Erkrankungen eingesetzt; es wurde auch gezeigt, dass es bei gesunden Teilnehmer:innen zu einer Erhöhung des psychischen Wohlbefindens und zur Stressreduktion führt (Carmody & Baer 2008; Chiesa & Serretti 2009). Ein Review zur Erfassung der Effekte von Meditation auf eine Reihe psychologischer Variablen bei nicht-klinischen Stichproben (Sedlmeier et al. 2012) fasst zusammen, dass sich mittlere bis große Effekte auf emotionale und Beziehungs-Variablen zeigten und mittlere Effekte auf Aufmerksamkeits-Maße.

Trotz der steigenden Publikationszahlen ist das Feld relativ jung und eine Replikation vieler Befunde steht noch aus. Es ist zudem wichtig, dass die bisher gewonnenen Erkenntnisse in methodologisch besser kontrollierten Studien nachuntersucht werden.

Wirkmechanismen: Wie wirkt Achtsamkeit?

Wie wir oben gesehen haben, zeigen wissenschaftliche Untersuchungen, dass das Wirkspektrum von Achtsamkeitstrainings erstaunlich breit ist. Sie zeigen positive Effekte der Achtsamkeitsmeditation auf eine große Reihe von stressbedingten körperlichen Symptomen und psychiatrischen Erkrankungen und legen nahe, dass die Achtsamkeitspraxis das allgemeine Wohlbefinden und die Lebenszufriedenheit verbessern und die kognitive Leistungsfähigkeit erhöhen kann. Wie ist es aber möglich, dass eine Methode eine solche Bandbreite an positiven Effekten bewirkt? Wie kommt das? Um die Frage zu beleuchten, über welche Mechanismen die Achtsamkeitsmeditation ihre positiven Wirkungen entfaltet, wurden in der Psychologie und den Neurowissenschaften in den letzten Jahren zunehmend Studien durchgeführt. Basierend auf diesen Studien habe ich in Zusammenarbeit mit einigen Kolleg:innen ein Rahmenmodell erarbeitet, in dem wir Mechanismen beschreiben, wie Achtsamkeitsmeditation wirken könnte (Hölzel et al. 2011; Tang et al. 2015).

Die Befunde legen nahe, dass die Achtsamkeitsmeditation wirkt, indem sie Einfluss auf drei verschiedene, aber eng interagierende Bereiche nimmt:

1. die Aufmerksamkeitsregulation stärkt,
2. die Emotionsregulation verbessert und
3. Veränderungen im Selbsterleben bewirkt.

Diese Komponenten konstituieren gemeinsam einen Prozess verbesserter Selbstregulation, d. h., es verbessert das Funktionieren der Vorgänge, mit denen Menschen ihr Erleben und Verhalten steuern (Abb. 2).

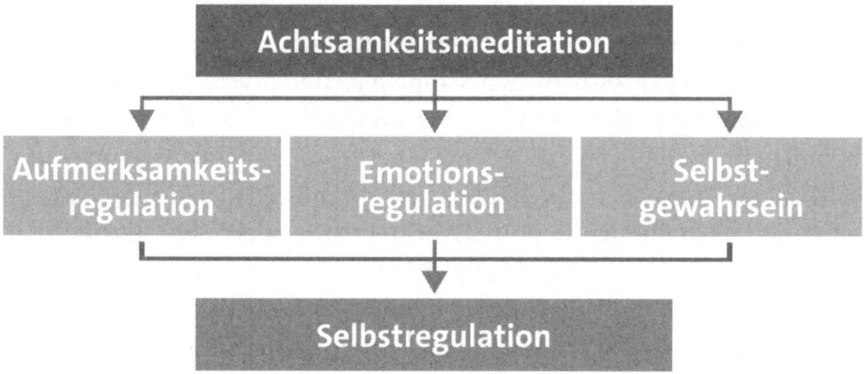

Abb. 2: Wirkmechanismen der Achtsamkeit: Achtsamkeitsmeditation bewirkt Veränderungen in der Aufmerksamkeitsregulation, Emotionsregulation und dem Selbstgewahrsein. Dies wiederum trägt zu verbesserter Selbstregulation bei.

In Bezug auf die *Aufmerksamkeitsregulation* gehen Praxistraditionen und theoretische Forschungsmodelle davon aus, dass eine Verbesserung der Aufmerksamkeitsregulation ein wesentliches Merkmal des Meditationstrainings ist. Psychologische Tests kommen – trotz gemischter Befunde – häufig zu der Beobachtung, dass Meditation die Aufmerksamkeitsleistung verbessert. Neurowissenschaftliche Studien haben dargelegt, welche Hirnregionen beim Regulieren der Aufmerksamkeit relevant sind und durch Meditationspraxis gestärkt werden.

Im Hinblick auf die *Emotionsregulation* deutet vieles darauf hin, dass Achtsamkeitspraxis die Fähigkeit fördert, die eigenen Emotionen zu regulieren. Die neurowissenschaftliche Forschung hat gezeigt, dass Hirnregionen, die an der Emotionsregulation beteiligt sind – wie z. B. die Amygdala und der präfrontale Kortex – eine Veränderung durch Achtsamkeitspraxis zeigen. Die verbesserte Emotionsregulation ist vermutlich ein zentraler Mechanismus, über den die Achtsamkeitspraxis die psychische Gesundheit und das Wohlbefinden erhöht.

Bezüglich des *Selbsterlebens* deuten Studienbefunde darauf hin, dass Achtsamkeitsmeditation zu einem positiveren Selbstbild beitragen kann. Weitere Befunde lassen vermuten, dass sich selbstbezogene Prozesse eventuell so verändern, dass eine vorherige, eher evaluierende Form der selbstbezogenen Verarbeitung durch ein erhöhtes Gewahrsein ersetzt wird. Es liegt nahe, zu vermuten, dass diese Veränderung im Selbst-Bewusstsein eine der zentralen Mechanismen der positiven Effekte der Achtsamkeitsmeditation ist. Diese Veränderung des Selbstgewahrseins ist von Mystikern umfangreich beschrieben worden, muss aber durch empirische Forschung untersucht werden. Weitere Studien sind daher vonnöten, um die bisherigen Vermutungen zu überprüfen.

Körperempfindungen sind ein typisches Aufmerksamkeitsobjekt bei der Achtsamkeitsmeditation. Meditierende berichten über eine verbesserte *Körperwahrnehmung* und zeigen diese zum Teil auch in objektiven Tests. Neurowissenschaftliche Untersuchungen zeigen Veränderungen in Regionen des Gehirns, die für das bewusste Erleben von Körperempfindungen wesentlich sind. Erhöhtes Körpererleben ist sowohl für die Affektregulation als auch für empathische Prozesse relevant.

Abschließende Einordnung

Abschließend soll noch einmal betont werden, dass das Forschungsfeld der Achtsamkeit noch jung ist. In vielen Bereichen sind die vorliegenden Studien widersprüchlich oder von unzureichender methodischer Qualität. Und dennoch sollte diese Vorsicht auch nicht dazu führen, die Erkenntnisse herunterzuspielen. Denn mit Sicherheit ist es bei der derzeitigen Forschungssituation vertretbar, die Befundlage als »vielversprechend« zu bezeichnen. Im Unternehmenskontext, wo Achtsamkeit leicht mit Kerzen und Räucherstäbchen verbunden wird, können sie uns helfen, dieses Image aufzuklären.

Und schließlich sollten wir im Bewusstsein behalten, dass bei der Betrachtung der förderlichen Effekte der Achtsamkeitspraxis die Gefahr besteht, diese als Selbstoptimierungstool misszuverstehen. Dabei verfolgt der jahrtausendealte Ursprung von Achtsamkeit einen ganzheitlichen Ansatz mit dem Ziel Leid zu reduzieren und Freiheit zu ermöglichen. Der Weg dorthin mag – quasi als Nebenprodukt – zu Leistungssteigerung im beruflichen Kontext führen – sollte aber nicht mit diesem höheren Ziel verwechselt werden. Und dennoch ist es – solange die Ausrichtung an der Ethik stimmt – eine wunderbare Situation, wenn sozusagen eine Win-win-Situation entsteht, wo der heilsame und zufriedenheitsfördernde Effekt für das Individuum gleichzeitig zu einer gesunden Transformation des Unternehmens führen kann.

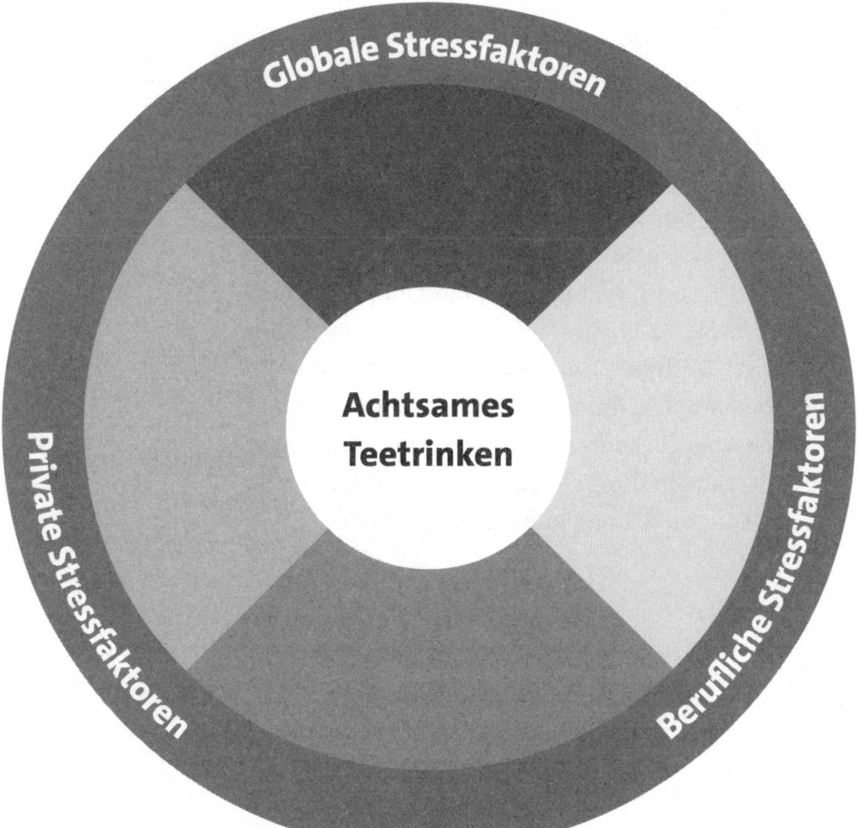
Globale Stressfaktoren
Private Stressfaktoren
Achtsames Teetrinken
Berufliche Stressfaktoren

TAO-Übung 8:

Achtsames Teetrinken

Nehmen Sie sich jetzt Zeit für *achtsames Teetrinken.* Hören Sie auf der beiliegenden CD 2 die TAO-Übung 8. Nehmen Sie eine aufrechte Haltung im Sitzen ein und fühlen Sie sich eingeladen, den Tee in Ruhe zu erkunden und zu trinken. Erlauben Sie sich, immer wieder Pausen zu machen, Ihren Atem zu spüren und all das wahrzunehmen, was gerade in Ihrem Körper geschieht. Lassen Sie sich Zeit, die Übung in Ruhe zu beenden.

Schlusswort

Der Weg zum Tun ist zu sein.
Laotse

»Das Tao, das sich mit Worten beschreiben lässt, ist nicht das wahre Tao«, heißt es in der Jahrtausende alten Weisheitslehre des Tao, dem *Tao Te King* von Laotse. In diesem vielübersetzten Klassiker wird in 81 Kapiteln die Essenz der taoistischen Lebenskunst dargelegt. Es geht um Einfachheit, Stille, Gleichgewicht, Sein und Humor. Tao bedeutet wörtlich »der Weg« und ist die zeitlose, raumlose und gedankenlose Dimension oder unsichtbare Energie in uns. Es ist die höchste Wirklichkeit und das größte Mysterium, eine Dimension der Tiefe, die mit Worten nicht angemessen beschrieben werden kann, die aber in der Stille erfahrbar ist.

Das vorliegende Buch heißt TAO und der Titel ist mir wie folgt zugefallen: Das in diesem Buch beschriebene Training achtsame Persönlichkeitsentwicklung hieß ab dem Jahr 2012 *Training Achtsamkeit am Arbeitsplatz (TAA)*. In der Weiterentwicklung zu diesem Buch kam mir die Idee, den Titel des Trainings zu verändern, damit deutlich wird, dass es nicht nur um den persönlichen Arbeitsplatz geht, sondern um die ganze Organisation und so kam ich zu der Bezeichnung *Training Achtsamkeit in Organisationen (TAO)*. Erst ein paar Tage später realisierte ich, dass diese Worte auch Tao bedeuten, und diese Erkenntnis zauberte ein Lächeln auf mein Gesicht. Ich spürte intuitiv, dass der Blick auf das Tao für meine weitere Arbeit wichtig werden würde und so habe ich in den letzten Monaten das *Tao Te King* intensiv studiert und meditiert. Dabei ist mir unter anderem aufgefallen, wie wichtig sowohl in der Praxis der Achtsamkeit als auch in der Lebenskunst des Tao der Akt der *Absichtslosigkeit* ist und wie fremd diese Ausrichtung in unserem zielorientierten alltäglichen Tun ist. Achtsamkeit ist »im besten Sinne gewöhnungsbedürftig, denn der Einstieg in die Praxis setzt seitens der Übenden voraus, dass sie ihre bisherigen Wahrnehmungs- und Handlungsmuster beiseitelassen und sich für eine ihnen bisher unbekannte Form der Erfahrung öffnen.«[154] In der Praxis der Achtsamkeit gibt es nichts zu erreichen, sondern ganz viel loszulassen: unser zwanghaftes Denken, unseren Wahn der ständigen Selbstoptimierung und unseren getriebenen Aktionismus. Es geht um eine ganz neue Dimension in unserem menschlichen Dasein und die »Hauptwirkungen« von Achtsamkeit sind *Stille, Gegenwärtigkeit, Sein.*

Theo Fischer erklärt anhand eines Witzes, wie wir Menschen unsere Gegenwart erleben:

»Da fährt ein Bus mit Touristen durch die prächtige Landschaft südlicher Gefilde. Alle haben die Kamera am Auge und fotografieren, was das Zeug hält. Ein einziger Fahrgast nur sitzt still da und blickt zum Fenster hinaus. ›Warum fotografieren Sie nicht?‹, wird er gefragt. ›Ich sehe mir's gleich hier an‹, antwortet der.

Sehen Sie, die Masse der Menschen lebt wie diese Touristen. Zwischen dem wirklichen Erleben der Realität und uns stehen unsere Gedanken wie das Fotografieren der Touristen in diesem Witz.«[155]

Die innere Haltung der Gegenwärtigkeit lässt sich nicht erzwingen, sondern diese neue Qualität kann sich durch Freiraum, Einübung und professionelle Begleitung entfalten. Auf diese Weise werden dann die von vielen gewünschten »Nebenwirkungen« für den beruflichen Alltag erfahrbar: klareres Denken, sensibleres Körperbewusstsein, Verbesserung der Regenerationsfähigkeit, Entwicklung von Fähigkeiten, mit Stress konstruktiv umzugehen, anderen Perspektiven mit mehr Wertschätzung begegnen, Fähigkeit zu mehr Selbstverantwortung und Selbstfürsorge, bessere Konzentrationsfähigkeit und Emotionsregulation, Stärkung der Selbsterkenntnis, Gewinn an Wahrnehmungs- und Handlungsfreiheit, Entwicklung von kooperativen Eigenschaften, stärkere Selbst-Distanz und Impuls-Kontrolle, Kultivierung von innerer Ruhe und Gelassenheit, Freisetzung kreativer Potentiale.

Ein weiterer Aspekt des Tao ist sehr wichtig: das taoistische *Yin-Yang-Prinzip*. Ein wesentliches Problem unserer Krise ist die einseitige Betonung des rationalen Pols der Wirklichkeit (Yang) und die Vernachlässigung des intuitiven Pols (Yin)[156]. Im Tao geht es um das Gleichgewicht von Yin und Yang. Es sind zwei entgegengesetzte Kräfte, die sich anziehen, ergänzen und eine Einheit bilden. Der Physiker Fritjof Capra schreibt in seinem Buch »Wendezeit«: »Es gab in Europa ein auffallendes Ungleichgewicht zwischen der Entwicklung der intellektuellen Kraft, der wissenschaftlichen Kenntnis und den technologischen Fähigkeiten auf der einen und Weisheit, Spiritualität und Ethik auf der anderen Seite. Diese einseitige Evolution hat nunmehr ein höchst alarmierendes Stadium erreicht, eine Situation, die so paradox ist, dass sie schon an Wahnsinn grenzt.«[157] Ein Ausweg aus der Krise ist daher nur möglich, wenn die Kräfte in ein Gleichgewicht kommen, und daher geht es jetzt um zwei Fragen: Wie kam es zu dem offensichtlichen Ungleichgewicht? Was ist notwendig, damit Yin und Yang in eine Balance kommen – privat und gesellschaftlich?

Ein dritter und letzter Aspekt ist der *Humor*. Wenn wir uns mit der globalen Krise und säkularen Ethik beschäftigen und uns auf den Weg des inneren und äußeren Wandels begeben, dann ist es entscheidend, dass der »Ernst des Lebens« immer mal wieder eine Pause machen darf und wir bei allem Engagement in der Lage sind, über uns selbst lachen zu können. Menschen, die sich selbst mit Heiterkeit begegnen können, haben ein viel gelasseneres Verhältnis zu den eigenen Unvollkommenheiten, nehmen sich nicht mehr »tierisch« ernst, sind unabhängiger von der Meinung anderer Menschen und handeln viel kreativer. Daher gilt: *Glücklich sind die, die über sich selbst lachen können, denn sie werden nie aufhören, sich zu vergnügen.*

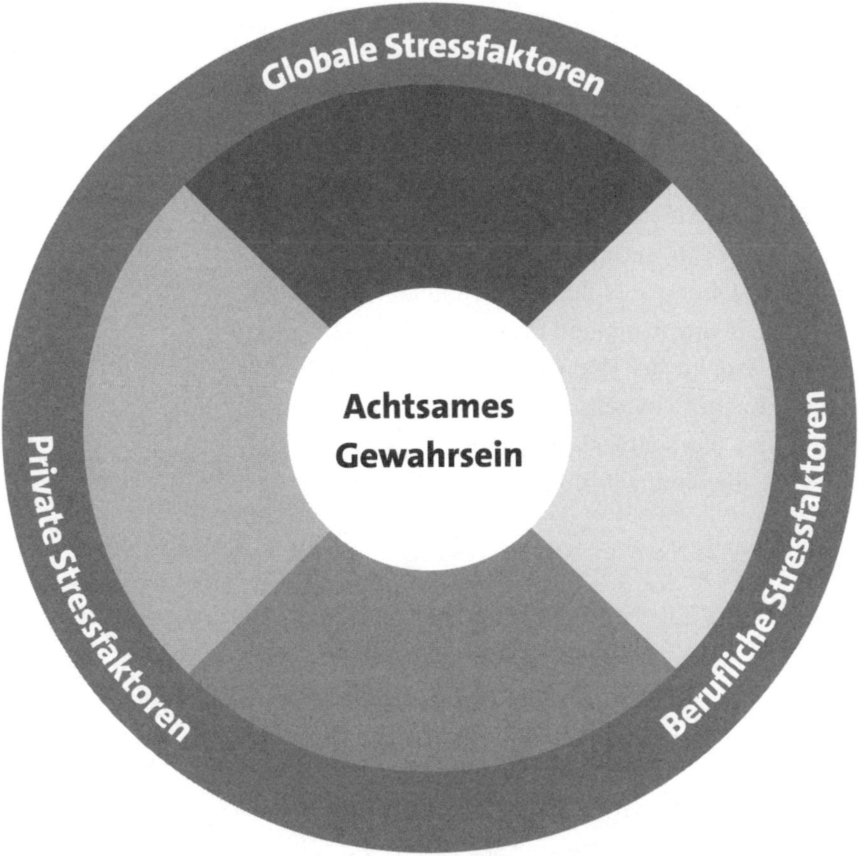
Globale Stressfaktoren
Private Stressfaktoren
Achtsames Gewahrsein
Berufliche Stressfaktoren

TAO-Übung 9:

Achtsames Gewahrsein

Nehmen Sie sich jetzt Zeit für *achtsames Gewahrsein*. Hören Sie auf der beiliegenden CD 2 die TAO-Übung 9. Nehmen Sie eine aufrechte Haltung im Sitzen ein und fühlen Sie sich eingeladen, alle Aspekte der Wahrnehmung auf einmal im Bewusstsein zu halten, ohne den Wunsch, dass etwas anders sein sollte, als es gerade ist. Lassen Sie sich Zeit, die Übung in Ruhe zu beenden.

Anhang

Achtsamkeitsübungen auf den CDs

Sprecher: Rüdiger Standhardt

CD 1 (65 min)

Track 1: Achtsames Innehalten	5:00 min
Track 2: Achtsame Körperentspannung	15:00 min
Track 3: Achtsame Körperwahrnehmung	15:00 min
Track 4: Achtsame Körperbewegungen	15:00 min
Track 5: Achtsames Sitzen	15:00 min

CD 2 (60 min)

Track 6: Achtsames Gehen	15:00 min
Track 7: Achtsames Mitgefühl	15:00 min
Track 8: Achtsames Teetrinken	15:00 min
Track 9: Achtsames Gewahrsein	15:00 min

Die Inhalte der Audio-CDs haben wir zusätzlich auch zum Download auf www.klett-cotta.de bereitgestellt. Geben Sie im Suchfeld auf unserer Homepage den folgenden Such-Code ein: **OM98483**

Informationen zur TAO-Trainerausbildung

In der anderthalbjährigen TAO-Trainerausbildung qualifizieren wir Menschen, das *Training Achtsamkeit in Organisationen (TAO)* durchzuführen und in den unterschiedlichsten beruflichen Zusammenhängen zu verankern. Die Trainerausbildung richtet sich an Menschen, die:

- einen alltagstauglichen und weltanschaulich neutralen Ansatz zur systematischen Schulung der Achtsamkeit suchen,
- daran interessiert sind, Achtsamkeit selbst zu erleben und einzuüben,
- andere Menschen – insbesondere in Organisationen – auf ihrem Weg zu mehr Achtsamkeit begleiten wollen,
- das *Training Achtsamkeit in Organisationen (TAO*) als wirkungsvolle Maßnahmen für Persönlichkeits- und Organisationsentwicklung sowie gegen die zunehmende Stress- und Burnout-Falle in Unternehmen und Organisationen implementieren wollen.

Die Phase 1 der Trainerausbildung beginnt mit dem dreitägigen Seminar »Lebenskunst Achtsamkeit«. In diesem Seminar wird das TAO-Training vorgestellt und die Teilnehmenden erleben eine erste Einführung in die Praxis der Achtsamkeit. Die Phase zwei besteht aus zehn Seminarbausteinen im Umfang von 21 Tagen. In dieser Zeit werden die theoretischen und praktischen Inhalte des Trainings Achtsamkeit in Organisationen (TAO) vermittelt. Die Teilnehmenden etablieren die Übungspraktiken in ihren persönlichen Alltag und erlernen gleichzeitig alle relevanten Aspekte, um Achtsamkeit im beruflichen Kontext zu vermitteln.

Ausbildung im Training Achtsamkeit in Organisationen (TAO)

Phase 1	Phase 2	Phase 3
TAO-Einführung	**TAO-Curriculum**	**TAO-Vertiefung**
Seminar Lebenskunst Achtsamkeit Einführung in das Training Achtsamkeit in Organisationen (3 Tage)	Sieben aufeinander aufbauende Seminare in einer festen Gruppe innerhalb eines Jahres (insgesamt 15 Tage)	Drei Seminare in Kommunikationsentwicklung, Führungskräfteentwicklung und Organisationsentwicklung (insgesamt 6 Tage)

Zwischen den einzelnen Ausbildungsbausteinen finden Peergruppentreffen statt, in denen die Anleitung der Achtsamkeitspraktiken eingeübt, gegenseitig supervidiert und schriftlich reflektiert werden. Alle Teilnehmenden führen im letzten Viertel der Ausbildung das erste TAO-Modul *Persönlichkeitsentwicklung* in einem beruflichen Kontext durch und dokumentieren ihre Erfahrungen in einer Abschlussarbeit. Kontinuierliche Lernpatenschaften, die tägliche Übungspraxis, trainingsbegleitendes Literaturstudium, eine regelmäßige Rückkoppelung mit der Ausbildungsleitung sowie Supervisionseinheiten während der Ausbildungstage unterstützen den individuellen Entwicklungsprozess. In einer anschließenden Vertiefungsphase erleben und erarbeiten sich die Teilnehmenden die Grundlagen für die drei aufbauenden TAO-Module *Kommunikations-, Führungskräfte- und Organisationsentwicklung*.

Kontakt und Information

Forum Achtsamkeit | Institut für Ausbildung, Training und Coaching
Rüdiger Standhardt
Schützenstr. 61, 35398 Gießen
Telefon: 0160-8461353
E-Mail: info@forumachtsamkeit.de
Internet: www.forumachtsamkeit.de

Ausführliche Informationen über die Ausbildung im Training Achtsamkeit in Organisationen finden Sie unter www.forumachtsamkeit.de/achtsamkeit-organisationen/tao-ausbildung/

Anmerkungen

1 Erich Fromm: *Haben oder Sein. Die seelischen Grundlagen einer neuen Gesellschaft.* Stuttgart: Deutsche Verlags-Anstalt 1976, S. 21.

2 Vgl. www.forumachtsamkeit.de/publikationen/

3 Vgl. Cornelia Löhmer, Rüdiger Standhardt: *TZI – die Kunst, sich selbst und eine Gruppe zu leiten. Einführung in die Themenzentrierte Interaktion.* Stuttgart: Klett-Cotta 2006, 3. Auflage 2020; außerdem: Cornelia Löhmer, Rüdiger Standhardt (Hrsg.): *TZI. Pädagogisch-therapeutische Gruppenarbeit nach Ruth C. Cohn.* Stuttgart: Klett-Cotta 1992.

4 Vgl. Rüdiger Standhardt: Die Erde weint. Über die Verzweiflungs- und Ermutigungsarbeit nach Joanna Macy. In: Rüdiger Standhardt, Cornelia Löhmer (Hrsg.): *Zur Tat befreien. Gesellschaftspolitische Perspektiven zur TZI-Gruppenarbeit.* Mainz: Grünewald 1994, S. 226–246.

5 Vgl. Abdi Assadi: *Schatten auf dem Pfad. Wie uns die Suche nach Erleuchtung hinters Licht führen kann.* Bielefeld: Theseus 2011; Robert A. Johnson: *Das Gold im Schatten. Impulse für die seelische Ganzwerdung.* Wuppertal: Peter Hammer Verlag 2013.

6 MBSR steht für Stressbewältigung durch Achtsamkeit, ein weltanschaulich-neutraler Weg der Meditation nach Jon Kabat-Zinn; vgl. Cornelia Löhmer, Rüdiger Standhardt: *MBSR – die Kunst, das ganze Leben zu umarmen. Einübung in Stressbewältigung durch Achtsamkeit.* Stuttgart: Klett-Cotta, 6. Auflage 2020.

7 Vgl. Niko Paech: *Befreiung vom Überfluss. Auf dem Weg in die Postwachstumsökonomie.* München: oekom 2012, 11. Auflage 2019.

8 Vgl. Christian Felber. *Gemeinwohl-Ökonomie.* München: Piper 2018.

9 Vgl. Dalai Lama: *Der Appell des Dalai Lama an die Welt. Ethik ist wichtiger als Religion.* Wals bei Salzburg: Benevento 2015.

10 Vgl. z. B. die psychosomatischen Kliniken in Heiligenfeld, in: Frederic Laloux: *Reinventing Organizations.* München: Franz Vahlen 2017, S. 98 ff.

11 Erich Fromm: *Haben oder Sein. Die seelischen Grundlagen einer neuen Gesellschaft.* Stuttgart: Deutsche Verlags-Anstalt 1976, S. 192.

12 Maja Göpel: *Unsere Welt neu denken. Eine Einladung.* Berlin: Ullstein 2020, S. 12.

13 Joanna Macy, Chris Johnstone: *Hoffen durch Handeln. Dem Chaos standhalten, ohne verrückt zu werden.* Paderborn: Junfermann 2014, S. 36.

14 Vgl. dazu ausführlich: Joanna Macy, Chris Johnstone: *Hoffen durch Handeln. Dem Chaos standhalten, ohne verrückt zu werden.* Paderborn: Junfermann 2014, S. 25 ff.; Joanna Macy, Molly Brown: *Für das Leben! Ohne Warum. Ermutigung zu einer spirituell-ökologischen Revolution.* Paderborn: Junfermann 2017, S. 35 ff.

15 Joanna Macy, Molly Brown: *Für das Leben! Ohne Warum. Ermutigung zu einer spirituell-ökologischen Revolution.* Paderborn: Junfermann 2017, S. 52.

16 Vgl. Stefan Brunnhuber: *Die Kunst der Transformation. Wie wir lernen, die Welt zu verändern.* Freiburg: Herder 2016, S. 250 ff.

17 Vgl. www.forumachtsamkeit.de/lebensterbentod/die-feier-des-lebens/

18 Janine Steeger: *GOING GREEN. Warum man nicht perfekt sein muss, um das Klima zu schützen.* München: oekom 2020.

19 Dirk Gratzel: *PROJEKT GREEN ZERO. Können wir klimaneutral leben? Mein konsequenter Weg zu einer ausgeglichenen Ökobilanz.* München: Ludwig 2020.

20 Vgl. Kai Romhardt und NAW-Team Wirtschaftsethik: Achtsam Wirtschaften als Weg. Grundlager einer angewandten, buddhistisch inspirierten Wirtschaftsethik, siehe www.achtsame-wirtschaft.de/das-manifest-wirtschafts-und-arbeitsethik.html

21 Kai Romhardt: *Wir sind die Wirtschaft. Achtsam leben – Sinnvoll handeln.* Bielefeld: Kamphausen 2009, S. 26; in der Neuauflage von 2017 hat das Buch jetzt den Titel *Achtsam wirtschaften.*

22 Luisa Neubauer, Alexander Repenning: *Vom Ende der Klimakrise. Eine Geschichte*

unserer Zukunft. Stuttgart: Tropen 2019. Vgl. auch Luisa Neubauer und Bernd Ulrich: *Noch haben wir die Wahl.* Stuttgart: Tropen 2021.

23 Luisa Neubauer: *Fridays for Future: Schulstreik für Kohleausstieg.* blog.wwf.de, 24. Januar 2019.

24 Vgl. Cornelia Löhmer, Rüdiger Standhardt: *TZI – die Kunst, sich selbst und eine Gruppe zu leiten. Einführung in die Themenzentrierte Interaktion.* Stuttgart: Klett-Cotta 2006, 3. Auflage 2020, S. 64 ff.

25 Ruth C. Cohn: *Es geht ums Anteilnehmen. Perspektiven der Persönlichkeitsentfaltung.* Freiburg: Herder 1989.

26 Zitat Ruth C. Cohn, in: Cornelia Löhmer, Rüdiger Standhardt: *TZI – die Kunst, sich selbst und eine Gruppe zu leiten. Einführung in die Themenzentrierte Interaktion.* Stuttgart: Klett-Cotta 2006, 3. Auflage 2020, S. 109.

27 Cornelia Löhmer, Rüdiger Standhardt: *TZI – die Kunst, sich selbst und eine Gruppe zu leiten. Einführung in die Themenzentrierte Interaktion.* Stuttgart: Klett-Cotta 2006, 3. Auflage 2020, S. 174.

28 Rüdiger Standhardt: Die Erde weint. Über die Verzweiflungs- und Ermutigungsarbeit nach Joanna Macy. In: Rüdiger Standhardt/Cornelia Löhmer (Hrsg.): *Zur Tat befreien. Gesellschaftspolitische Perspektiven zur TZI-Gruppenarbeit.* Mainz: Grünewald 1994, S. 226–246.

29 Joanna Macy: *Hoffnung durch Handeln. Dem Chaos standhalten, ohne verrückt zu werden.* Paderborn: Junfermann 2014, S. 65.

30 Michael von Brück, in: Dalai Lama, Michael von Brück: *Wagnis und Verzicht.* München: Kösel 2019, S. 177.

31 www.martin-kaempchen.de

32 www.dorfentwicklung-indien.de

33 Martin Kämpchen: *Leben ohne Armut. Wie Hilfe wirklich helfen kann – meine Erfahrungen in Indien.* Freiburg: Herder 2011.

34 Christian Felber. *Gemeinwohl-Ökonomie.* München: Piper 2018.

35 Vgl. www.sparda-m.de/gemeinwohl-oekonomie-wirtschaft-der-zukunft

36 Donald O. Clifton, Marcus Buckingham: *Entdecken Sie Ihre Stärken jetzt!: Das Gallup-Prinzip für individuelle Entwicklung und erfolgreiche Führung.* Frankfurt: Campus 2016.

37 Zitat Ruth C. Cohn, in: Cornelia Löhmer, Rüdiger Standhardt: *TZI – die Kunst, sich selbst und eine Gruppe zu leiten. Einführung in die Themenzentrierte Interaktion.* Stuttgart: Klett-Cotta 2006, 3. Auflage 2020, S. 49.

38 Claus Eurich: *Radikale Liebe. Die Lebensethik Albert Schweitzers – Hoffnung für Mensch und Erde.* Petersberg: Via Nova 2019, S. 43f.

39 Vgl. www.erdcharta.de

40 Vgl. Ökumenische Initiative Eine Welt e. V., Erd-Charta Koordination Deutschland (Hrsg.): *Erd-Charta. Das Praxishandbuch. Aktionen und Visionen gestalten.* Diemelstadt-Wethen 2012, S. 99–101.

41 Eva-Maria Zurhorst, Wolfram Zurhorst: *Liebe dich selbst und freu dich auf die nächste Krise.* München: Goldmann 2007, S. 142.

42 Tiziano Terzani: *Das Ende ist mein Anfang. Ein Vater, ein Sohn und die große Reise des Lebens.* München: Goldmann 2008, S. 357.

43 Jon Kabat-Zinn: *Im Alltag Ruhe finden.* München: Knaur 2010, S. 18.

44 Vgl. Rüdiger Standhardt: Die Erde weint. Über die Verzweiflungs- und Ermutigungsarbeit nach Joanna Macy. In: Rüdiger Standhardt, Cornelia Löhmer (Hrsg.): *Zur Tat befreien. Gesellschaftspolitische Perspektiven zur TZI-Gruppenarbeit.* Mainz: Grünewald 1994, S. 226–246.

45 Paul J. Kohtes, Nadja Rosmann: *Mit Achtsamkeit in Führung. Was Meditation für Unternehmen bringt.* Stuttgart: Klett-Cotta 2014, S. 22.

46 Jon Kabat-Zinn benennt sieben Grundhaltungen: Nicht-Urteilen, Geduld, den Geist des Anfängers bewahren, Vertrauen, Nicht-Erzwingen, Akzeptanz und Loslassen. Vgl. Jon Kabat-Zinn: *Gesund durch Meditation. Das vollständige Grundlagenwerk zu MBSR.* München. O. W. Barth 2013, S. 88 ff.

47 Vgl. Martin Kämpchen: Einfachheit. In: Martin Kämpchen: *wahrhaftig sein. 7 Schritte zur Lebenskunst.* Ostfildern: Patmos 2016, S. 13–28.

48 Vgl. Michael von Brück, in: Dalai Lama. Michael von Brück: *Wagnis und Verzicht.* München: Kösel 2019, S. 24 ff.

49 Vgl. Erich Fromm: *Über den Ungehorsam.* Stuttgart: Deutsche Verlags-Anstalt 1982; Henry David Thoreau: *Über die Pflicht zum Ungehorsam gegen den Staat.* Zürich: Diogenes 1967.

50 Harald Welzer: *Selbst denken. Eine Anleitung zum Widerstand.* Frankfurt: Fischer 2014, 9. Auflage 2019, S. 293.

51 Vgl. Cornelia Löhmer, Rüdiger Standhardt: *Timeout statt Burnout. Einübung in die Lebenskunst der Achtsamkeit.* Stuttgart: Klett-Cotta 2012, 7. Auflage 2018, S. 33 ff.

52 Vgl. Cornelia Löhmer, Rüdiger Standhardt: *MBSR – die Kunst, das ganze Leben zu umarmen. Einübung in Stressbewältigung durch Achtsamkeit.* Stuttgart: Klett-Cotta 2014, 6. Auflage 2020.

53 Quelle mir unbekannt.

54 Vgl. ausführlicher in: Cornelia Löhmer, Rüdiger Standhardt: *Timeout statt Burnout. Einübung in die Lebenskunst der Achtsamkeit.* Stuttgart: Klett-Cotta 2012, 7. Auflage 2018, S. 55–78.

55 Reinhard K. Sprenger: *Die Entscheidung liegt bei Dir. Wege aus der alltäglichen Unzufriedenheit.* Frankfurt: Campus 2004, S. 71, 73, 177.

56 Eckhart Tolle: *Jetzt! Die Kraft der Gegenwart. Ein Leitfaden zum spirituellen Erwachen.* Bielefeld: Kamphausen, 14. Auflage 2006, S. 29.

57 Eckhart *Tolle: Jetzt! Die Kraft der Gegenwart. Ein Leitfaden zum spirituellen Erwachen.* Bielefeld: Kamphausen, 14. Auflage 2006, S. 28.

58 Vgl. Cornelia Löhmer, Rüdiger Standhardt: *MBSR – die Kunst, das ganze Leben zu umarmen. Einübung in Stressbewältigung durch Achtsamkeit.* Stuttgart: Klett-Cotta 2014, 6. Auflage 2020, S. 219 ff.

59 Vgl. Ernst Ulrich von Weizsäcker, Anders Wijkman: *Wir sind dran. Was wir ändern müssen, wenn wir bleiben wollen. Club of Rome: Der große Bericht.* Gütersloh: Gütersloher Verlagshaus 2017, 2. Auflage 2019.

60 Ernst Ulrich von Weizsäcker, Anders Wijkman: *Wir sind dran. Was wir ändern müssen, wenn wir bleiben wollen. Club of Rome: Der große Bericht.* Gütersloh: Gütersloher Verlagshaus 2017, 2. Auflage 2019, S. 132.

61 Vgl. ausführlicher in: Cornelia Löhmer, Rüdiger Standhardt: *Timeout statt Burnout. Einübung in die Lebenskunst der Achtsamkeit.* Stuttgart: Klett-Cotta 2012, 7. Auflage 2018, S. 85–94.

62 Christian Meyer: *Ein Kurs in wahrem Loslassen. Durch das Tor des Fühlens zu innerer Freiheit.* München: Arkana 2016, S. 67, 60.

63 Vgl. Sabine Bode: *Kriegsenkel. Die Erben der vergessenen Generation.* Stuttgart: Klett-Cotta 2009, 28. Auflage 2020, S. 18 ff.

64 Christian Meyer: *Ein Kurs in wahrem Loslassen. Durch das Tor des Fühlens zu innerer Freiheit.* München: Arkana 2016, S. 62.

65 Vgl. dazu ausführlicher: Christian Meyer: *Ein Kurs in wahrem Loslassen. Durch das Tor des Fühlens zu innerer Freiheit.* München: Arkana 2016, S. 70–75.

66 Daniel Goeman: *Emotionale Intelligenz.* München: dtv 1997.

67 Diana Richardson, Michael Richardson: *Zeit für Gefühle. Die Krux mit den Emotionen in der Partnerschaft.* Köln: Innenwelt Verlag 2006.

68 Vgl. ausführlicher in: Cornelia Löhmer, Rüdiger Standhardt: *Timeout statt Burnout. Einübung in die Lebenskunst der Achtsamkeit.* Stuttgart: Klett-Cotta 2012, 7. Auflage 2018, S. 102–112.

69 Vgl. Cornelia Löhmer, Rüdiger Standhardt: *Die Kunst, im Alltag zu entspannen.* Stuttgart: Klett-Cotta 2006, 7. Auflage 2020.

70 Vgl. die beiden Übungs-CDs in: Cornelia Löhmer, Rüdiger Standhardt: *MBSR – die Kunst, das ganze Leben zu umarmen. Einübung in Stressbewältigung durch Achtsamkeit.* Stuttgart: Klett-Cotta 2014, 6. Auflage 2020.

71 Ruediger Dahlke: *PEACEFOOD. Wie der Verzicht auf Fleisch und Milch Körper und Seele heilt.* München: Gräfe und Unzer 2011.

72 Vgl. Kai Romhardt: *Wir sind die Wirtschaft. Achtsam leben – Sinnvoll handeln.* Bielefeld: Kamphausen 2009 und Janine Steeger: *GOING GREEN. Warum man nicht perfekt sein muss, um das Klima zu schützen.* München: Oekom 2020.

73 Kai Romhardt: *Wir sind die Wirtschaft. Achtsam leben – Sinnvoll handeln.* Bielefeld: Kamphausen 2009, S. 27.

74 Vgl. Diana Richardson: *Zeit für Liebe. Sex, Intimität & Ekstase in Beziehungen.* Köln: Innenwelt-Verlag, 12. Auflage 2009 und das ausgezeichnete Video dazu: »Slow Sex nach Diana Richardson. Wie Sex glücklich macht. Der neue Stil des Liebens«.

75 Khalil Gibran. *Der Prophet.* München dtv 2002, S. 37.

76 Vgl. Stephen C. Ludin, Harry Paul, John Christensen: *Fish! Ein ungewöhnliches Motivationsbuch.* Frankfurt/Wien: Redline Wirtschaft bei Ueberreuter 2001.

77 Jon Kabat-Zinn: *Gesund durch Meditation. Das vollständige Grundlagenwerk zu MBSR. München.* O. W. Barth 2013, S. 621.

78 Veit Lindau: *Heirate Dich selbst. Wie radikale Selbstliebe unser Leben revolutioniert.* München: Kailash 2013, S. 40.

79 Kristin Neff: *Selbstmitgefühl. Wie wir uns mit unseren Schwächen versöhnen und uns selbst der beste Freund werden.* München: Kailash 2012, S. 157.

80 Dalai Lama, Michael von Brück: *Wagnis und Verzicht.* München: Kösel 2019, S. 24.

81 Paul Watzlawick: *Anleitung zum Unglücklichsein.* München: Piper, 8. Auflage 1983.

82 Das Konzept der Gewaltfreie Kommunikation (GFK) nach Marshall B. Rosenberg soll es Menschen ermöglichen, so miteinander umzugehen, dass der Kommunikationsfluss zu mehr Vertrauen und Freude am Leben führt. Vgl. Marshall B. Rosenberg: *Gewaltfreie Kommunikation. Aufrichtig und einfühlsam miteinander sprechen.* Paderborn: Junfermann 2002.

83 Jon Kabat-Zinn: *Gesund durch Meditation. Das vollständige Grundlagenwerk zu MBSR.* München. O. W. Barth 2013, S. 89.

84 Vgl. Al Weckert: *Grundlagenseminar Gewaltfreie Kommunikation.* Paderborn: Junfermann 2016, S. 52.

85 Vgl. in diesem Buch, S. 96 ff.

86 Marshall B. Rosenberg: *Gewaltfreie Kommunikation. Aufrichtig und einfühlsam miteinander sprechen.* Paderborn: Junfermann 2002, S. 84.

87 Vgl. Cornelia Löhmer, Rüdiger Standhardt: *TZI – die Kunst, sich selbst und eine Gruppe zu leiten. Einführung in die Themenzentrierte Interaktion.* Stuttgart: Klett-Cotta 2006, 3. Auflage 2020.

88 John Gray: *Männer sind anders. Frauen auch. Männer sind vom Mars. Frauen von der Venus.* München: Goldmann 1992, S. 304.

89 Vgl. Diana Richardson, Michael Richardson: *Zeit für Gefühle. Die Krux mit den Emotionen in der Partnerschaft.* Köln: Innenwelt Verlag, 4. Auflage 2009.

90 Das Zwiegespräch nach Michael L. Moeller ist für Paare eine sehr gute Möglichkeit, um sich in einer tieferen Weise zu begegnen; eine kurze und gelungene Zusammenfassung hat Werner Tiki Küstenmacher in seinem bekannten Buch »simplify your life« erstellt.

91 Bodo Janssen: *Die stille Revolution. Führen mit Sinn und Menschlichkeit.* München: Ariston 2016, S. 272.

92 Claus Eurich: *Führungskunst.* Petersberg: Via Nova 2015, S. 10.

93 Vgl. die TAO-Graphik auf S. 87

94 Paul J. Kohtes: *Dein Job ist es, frei zu sein. Zen und die Kunst des Managements.* Bielefeld: Kamphausen 2005, S. 46.

95 Karl Kälin, Peter Müri: *Sich und andere führen.* Thun: Ott 1985, 12. Auflage 2000, S. 108.

96 Vgl. Reinhard K. Sprenger: *30 Minuten für mehr Motivation.* Offenbach: Gabal 1999, S. 9 ff.

97 Jürgen W. Goldfuß: *Endlich Chef – was nun? Was Sie in der neuen Position wissen müssen.* Frankfurt: Campus 2000, 2. überarbeitete Auflage 2006, S. 140f.

98 Vgl. dazu bereits in diesem Buch S. 97 f.

99 Vgl. dazu bereits in diesem Buch, S. 96 ff. und S. 184 ff.

100 Vgl. Reinhard K. Sprenger: *Die Entscheidung liegt bei Dir! Wege aus der alltäglichen Unzufriedenheit.* Frankfurt: Campus 2004.

101 Vgl. Stephen R. Covey: *Die sieben Wege zur Effektivität. Ein Konzept zur Meisterung Ihres beruflichen und privaten Lebens.* München: Heyne 1992; Reinhard Sprenger: *Das Prinzip Selbstverantwortung. Wege zur Motivation.* Frankfurt: Campus 1995; Walter Zimmermann: *Mach endlich was du willst! Wie du dein Schicksal selbst in die Hand nimmst.* Frankfurt: Campus 2008.

102 Hugo Prather, in Gerald G.: *Lieben heißt die Angst verlieren.* München: Goldmann 2005, S. 6.

103 Vgl. Reinhard K. Sprenger: *Vertrauen führt. Worauf es im Unternehmen wirklich ankommt.* Frankfurt: Campus 2002, S. 178 ff.

104 Vgl. in diesem Buch, S. 160.

105 Vgl. in diesem Buch, S. 172 ff.

106 Vgl. Reinhard K. Sprenger: *Vertrauen führt. Worauf es im Unternehmen wirklich ankommt.* Frankfurt: Campus 2002, S. 159.

107 Reinhard K. Sprenger: *Vertrauen führt. Worauf es im Unternehmen wirklich ankommt.* Frankfurt: Campus 2002, S. 171.

108 Vgl. Torsten Schrör: *Führungskompetenz durch achtsame Selbstwahrnehmung und Selbstführung.* Wiesbaden: SpringerGabler 2016, S. 14f.

109 Claus Eurich: *Führungskunst.* Petersberg: Via Nova 2015, S. 38 f.

110 Reinhard K. Sprenger: *An der Freiheit des anderen kommt keiner vorbei.* Frankfurt: Campus 2013, S. 216.

111 Reinhard K. Sprenger: *An der Freiheit des anderen kommt keiner vorbei.* Frankfurt: Campus 2013, S. 135.

112 Vgl. z. B. Reinhart Nagel, Margit Oswald, Rudolf Wimmer: *Das Mitarbeitergespräch als Führungsinstrument.* Stuttgart: Klett-Cotta 1999, 3. Auflage 2002.

113 Vgl. Reinhard K. Sprenger: *Radikal führen.* Frankfurt: Campus 2012, 64, 261.

114 Bodo Schäfer: *Die Gesetze der Gewinner.* Frankfurt: Frankfurter Allgemeine Zeitung, Verlagsbereich Buch 2001, S. 19.

115 Brian J. Robertson: *Holacray. Ein revolutionäres Management-System für eine volatile Welt.* München: Franz Vahlen 2016, S. 21.

116 Daniel F. Finnow: *Führen. Worauf es wirklich ankommt.* Wiesbaden: Springer 2005, 6. Auflage 2012, S. 304.

117 Paul J. Kohtes, Nadja Rosmann: *Mit Achtsamkeit in Führung. Was Meditation für Unternehmen bringt.* Stuttgart: Klett-Cotta 2014, 2. Auflage 2020, S. 143.

118 Vgl. kulturwandel.org sowie die beiden Bücher von Sebastian Purps-Pardigol.

119 Vgl. kulturwandel.org/die-herausforderung/

120 Reinhard K. Sprenger: *Radikal digital.* Frankfurt: Campus 2018, S. 13.

121 Bodo Janssen, Anselm Grün: *Stark in stürmischen Zeiten.* München: Astrion 2017, S. 145.

122 Vgl. Sebastian Purps-Pardigol: *Führen mit Hirn. Mitarbeiter begeistern und Unternehmenserfolg steigern.* Frankfurt: Campus 2015.

123 Vgl. diese und viele andere Fragen in: Bodo Janssen, Anselm Grün: *Stark in stürmischen Zeiten.* München: Astrion 2017.

124 Jon Kabat-Zinn: *Gesund durch Meditation. Das vollständige Grundlagenwerk zu MBSR.* München: O. W. Barth 2013, S. 664.

125 Ernst Ulrich von Weizsäcker, Anders Wijkman: *Wir sind dran. Was wir ändern müssen, wenn wir bleiben wollen.* München: Pantheon 2019, S. 121.

126 Frederic Laloux: *Reinventing Organizations. Ein Leitfaden zur Gestaltung sinnstiftender Formen der Zusammenarbeit.* München: Franz Vahlen 2015, S. 29.

127 Fritjof Capra: Wendezeit. *Bausteine für ein neues Weltbild.* Bern, München, Wien 1982, 18. Auflage 1990, S. 78.

128 Zur Vertiefung: Frederic Laloux: *Reinventing Organizations. Ein Leitfaden zur Gestaltung sinnstiftender Formen der Zusammenarbeit.* München: Franz Vahlen 2015; Ken Wilber: *Integrale Meditation. Wachsen, erwachen und innerlich frei werden.* München: O. W. Barth 2017.

129 Vgl. in diesem Buch S. 172 ff.

130 Vgl. in diesem Buch S. 96 ff. und 184 ff.

131 Vgl. Cornelia Löhmer, Rüdiger Standhardt: *Timeout statt Burnout. Einübung in die Lebenskunst der Achtsamkeit.* Stuttgart: Klett-Cotta 2012, 7. Auflage 2018, S. 56 ff.; Torsten Schrör: *Führungskompetenz durch achtsame Selbstwahrnehmung und Selbstführung. Eine Anleitung für die Praxis.* Wiesbaden: Springer-Gabler 2016, S. 59 ff.

132 Vgl. in diesem Buch, beiliegende CD, Track 1.

133 Vgl. in diesem Buch, S. 98.

134 Vgl. Frederic Laloux: *Reinventing Organizations. Ein Leitfaden zur Gestaltung sinnstiftender Formen der Zusammenarbeit.* München: Franz Vahlen 2015, S. 142f.

135 Vgl. Frederic Laloux: *Reinventing Organizations. Ein Leitfaden zur Gestaltung sinnstiftender Formen der Zusammenarbeit.* München: Franz Vahlen 2015, S. 59–143.

136 Veröffentlicht in der *New York Times* vom 29. März 1972.

137 Frederic Laloux: *Reinventing Organizations. Ein Leitfaden zur Gestaltung sinnstiftender Formen der Zusammenarbeit.* München: Franz Vahlen 2015, S. 145.

138 Vgl. Frederic Laloux: *Reinventing Organizations. Ein Leitfaden zur Gestaltung sinnstiftender Formen der Zusammenarbeit.* München: Franz Vahlen 2015, S. 191 ff.

139 Frederic Laloux: *Reinventing Organizations. Ein Leitfaden zur Gestaltung sinnstiftender Formen der Zusammenarbeit.* München: Franz Vahlen 2015, S. 197.

140 Vgl. Frederic Laloux: *Reinventing Organizations. Ein Leitfaden zur Gestaltung sinnstiftender Formen der Zusammenarbeit.* München: Franz Vahlen 2015, S. 224f.

141 Vgl. Christian Felber: *Gemeinwohl-Ökonomie.* München: Piper 2018.

142 Ernst Ulrich von Weizsäcker, Anders Wijkman: *Wir sind dran. Was wir ändern müssen, wenn wir bleiben wollen. Club of Rome: Der große Bericht.* Gütersloh: Gütersloher Verlagshaus 2017, 2. Auflage 2019, S. 311.

143 Christian Felber: *Gemeinwohl-Ökonomie.* München: Piper 2018, S. 33.

144 Vgl. de.wikipedia.org/wiki/Heinrich_Staudinger

145 Bodo Janssen, Anselm Grün: *Stark in stürmischen Zeiten.* München: Astrion 2017, S. 137.

146 Tobias Krüger ist Bereichsleiter Kulturwandel 4.0 bei der Otto Group Holding; vgl. www.kulturwandel.org/gespraech/otto-group

147 Frederic Laloux: *Reinventing Organizations. Ein Leitfaden zur Gestaltung sinnstiftender Formen der Zusammenarbeit.* München: Franz Vahlen 2015, S. 181.

148 Vgl. Cornelia Löhmer, Rüdiger Standhardt: T*imeout statt Burnout. Einübung in die Lebenskunst der Achtsamkeit.* Stuttgart: Klett-Cotta 2012, 7. Auflage 2018, S. 172 ff.

149 Reinhard K. Sprenger: *Radikal führen.* Frankfurt: Campus 2012, S. 230 f.

150 S. Anhang S. 286 ff. und www.forumachtsamkeit.de/achtsamkeit-organisationen/tao-ausbildung/

151 Christoph O. Hiendl: Achtsamkeit in Arbeitswelten – Mögliche Umsetzungsszenarien in Großunternehmen. In: Yong-Seun Chang-Gusko, Judith Heße-Husain, Manfred Casses, Claudia Meßtorff (Hrsg.): *Achtsamkeit in Arbeitswelten. Für eine Kultur des Bewusstseins in Unternehmen und Organisationen.* Wiesbaden: SpringerGabler 2019, S. 202.

152 Dieses Achtsamkeitstraining wurde seit 2012 von ca. 150 Trainer:innen in Universitäten, Krankenhäusern, Akademien, Pharmaunternehmen, Kranken-

kassen, Schulen, Finanzämtern, diakonischen Einrichtungen, Gerichten, Fernsehsendern, Versicherungen, Feuerwehren, Unternehmensberatungen und verschiedensten Unternehmen durchgeführt.

153 Vgl. www.achtsame-wirtschaft.de; www.awaris.com; www.mindfulleadership.at; www.professional-campus.de; www.mindfulleadership.eu

154 Paul J. Kohtes/Nadja Rosmann: *Mit Achtsamkeit in Führung. Was Meditation für Unternehmen bringt.* Stuttgart: Klett-Cotta 2014, S. 61.

155 Theo Fischer: *Wu wei. Die Lebenskunst des Tao.* Reinbek bei Hamburg: Rowohlt 1992, S. 14.

156 Vgl. Ernst Ulrich von Weizsäcker, Anders Wijkman: *Wir sind dran. Was wir ändern müssen, wenn wir bleiben wollen.* München: Pantheon 2019, S. 182 ff.

157 Fritjof Capra: *Wendezeit. Bausteine für ein neues Weltbild.* Bern, München, Wien: Knaur 1986, S. 40.

Literatur

André, C., Kabat-Zinn, J., Rabhi, P. & Ricard, M. (2014). *Wer sich verändert, verändert die Welt.* München: Kösel.

Baer, R. A. (2003). Mindfulness training as a clinical intervention: A conceptual and empirical review. *Clin. Psychol Sci Pract.* 10 (2), S. 125–143.

Bartlett, L., Martin, A., Neil, A. L., Memish, K., Otahal, P., Kilpatrick, M. & Sanderson, K. (2019). A systematic review and meta-analysis of workplace mindfulness training randomized controlled trials. *J Occup Health Psychol*, 24 (1), S. 108–126, doi: 10.1037/ocp0000146.

BEAULIEU-Gruppe (Hrsg.) (1991). *Aufbruch von innen. Manifest für eine Ethik der Zukunft.* Frankfurt: Fischer.

Black, G. M. & Slavich, D. S. (2016). Mindfulness meditation and the immune system: a systematic review of randomized controlled trials. *Ann N Y Acad Sci.* 1373 (1), S. 13–24, doi: doi:10.1111/nyas.12998.

Bowen, S., Witkiewitz, K., Dillworth, T. M., Chawla, N., Simpson, T. L., Ostafin, B. D., Larimer, M. E., Blume, A. W., Parks, G. A. & Marlatt, G. A. (2006). Mindfulness meditation and substance use in an incarcerated population. *Psychol Addict Behav*, 20 (3), S. 343–347, doi: 2006-10832-015 [pii]10.1037/0893-164X.20.3.343.

Breidenstein, G. (1990). *Hoffen inmitten der Krisen. Von Krankheit und Heilung unserer Gesellschaft.* Frankfurt: Fischer.

Carlson, L. E., Speca, M., Faris, P. & Patel K. D. (2007). One year pre-post intervention follow-up of psychological, immune, endocrine and blood pressure outcomes of mindfulness-based stress reduction (MBSR) in breast and prostate cancer outpatients. *Brain Behav Immun.* 21 (8), S. 1038–1049, doi: S0889-1591(07)00085-2 [pii]10.1016/j.bbi.2007.04.002.

Carmody, J. & Baer, R. A. (2008). Relationships between mindfulness practice and levels of mindfulness, medical and psychological symptoms and well-being in a mindfulness-based stress reduction program. *J Behav Med.* 31 (1), S. 23–33, doi: 10.1007/s10865-007-9130-7.

Chang-Gusko, Y., Heße-Husain, J., Casses, M. & Meßtorff, C. (Hrsg.) (2019). *Achtsamkeit in Arbeitswelten. Für eine Kultur des Bewusstseins in Unternehmen und Organisationen.* Wiesbaden: SpringerGabler.

Chiesa, A. & Serretti, A. (2009). Mindfulness-based stress reduction for stress management in healthy people: a review and meta-analysis. *J Altern Complement Med.*15 (5), S. 593–600, doi: 10.1089/acm.2008.0495.

Dalai Lama (2015): *Der Appell des Dalai Lama an die Welt. Ethik ist wichtiger als Religion.* Wals bei Salzburg: Benevento.

Dalai Lama & von Brück, M (2019). *Wagnis und Verzicht.* München: Kösel.

de la Fuente, M., Franco, C., & Salvator, M. (2010). Reduction of blood pressure in a group of hypertensive teachers through a program of mindfulness meditation. *Behav Psychol Conduct.* 18 (3), S. 533–552.

Deckersbach, T., Hölzel, B. K., Eisner, L. R., Stange, J. P., Peckham, A. D., Dougherty, D. D., Rauch, S. L., Lazar, S. & Nierenberg, A. A. (2012). Mindfulness-based cognitive therapy for nonremitted patients with bipolar disorder. *CNS Neurosci Ther.* 18 (2), S. 133–41, Feb. 2012, doi: 10.1111/j.1755-5949.2011.00236.x.

Eby, L. T., Allen, T. D., Conley, K. M., Williamson, R. L., Henderson T. G. & Mancini V. S. (2019). Mindfulness-based training interventions for employees: A qualitative review of the literature. *Hum Resour Manag Rev*, 29 (2), S. 156–178, doi: 10.1016/j.hrmr.2017.03.004.

Eurich, C. (2015). F*ührungskunst. Ethik, Kommunikation, Motivation, Vision, integrale* Vernunft. Petersberg: Via Nova.

Eurich, C. (2016). *Aufstand für das Leben. Vision für eine lebenswerte Erde.* Petersberg: Via Nova.
Eurich, C. (2019). *Radikale Liebe. Die Lebensethik Albert Schweitzers – Hoffnung für Mensch und Erde.* Petersberg: Via Nova.
Felber, C. (2018). *Gemeinwohl-Ökonomie.* München: Piper.
Fischer, T. (1992). *Wu wie. Die Lebenskunst des Tao.* Reinbek bei Hamburg: Rowohlt.
Fromm, E. (1976). *Haben oder Sein. Die seelischen Grundlagen einer neuen Gesellschaft.* Stuttgart: Deutsche Verlags-Anstalt.
Fromm, E. (1982). *Über den Ungehorsam.* Stuttgart: Deutsche Verlags-Anstalt.
Goldberg, S. B., Tucker, R. P., Greene, P. A., Davidson, R. J., Wampold, B. E., Kearney, D. J. & Simpson, T. L. (2018) Mindfulness-based interventions for psychiatric disorders: A systematic review and meta-analysis. *Clin Psychol Rev*, 59, S. 52–60, doi: 10.1016/j.cpr.2017.10.011.
Göpel, M. (2020). *Unsere Welt neu denken. Eine Einladung.* Berlin: Ullstein.
Grossman, P., Tiefenthaler-Gilmer, U., Raysz, A., & Kesper, A. (2007). Mindfulness training as an intervention for fibromyalgia: evidence of postintervention and 3-year follow-up benefits in well-being. *Psychother Psychosom*, 76 (4), S. 226–233, doi: 000101501 [pii]10.1159/000101501.
Hofmann, S. G., Sawyer, A. T., Witt, A. A. & Oh, D. (2010) The effect of mindfulness-based therapy on anxiety and depression: A meta-analytic review. *J Consult Clin Psychol*, 78 (2), S. 169–183, doi: 2010-05835-004 [pii]10.1037/a0018555.
Hölzel, B. & Brähler, C. (2015). *Achtsamkeit mitten im Leben. Anwendungsgebiete und wissenschaftliche Perspektiven.* München: O. W. Barth.
Hölzel, B. K., Lazar, S. W., Gard, T., Schuman-Olivier, Z., Vago, D. R. & Ott, U. (2011). How Does Mindfulness Meditation Work? Proposing Mechanisms of Action From a Conceptual and Neural Perspective. *Perspect Psychol Sci.* 6 (6), S. 537–559, 2011.

Jannsen, B. & Grün, A. (2017). *Stark in stürmischen Zeiten. Die Kunst, sich selbst und andere zu führen.* München: Ariston (4. Auflage).
Janssen, B. (2016). *Die stille Revolution.* München: Ariston.
Kabat-Zinn, J. (2006). *Zur Besinnung kommen. Die Weisheit der Sinne und der Sinn der Achtsamkeit in einer aus den Fugen geratenen Welt.* Freiamt: Arbor.
Kabat-Zinn, J. (2013). *Gesund durch Meditation. Das vollständige Grundlagenwerk zu MBSR.* München: O.W. Barth.
Kabat-Zinn, J., Massion, A.O., Kristeller, J., Peterson, L.G., Fletcher, K.E., Pbert, L., Lenderking, W.R. & Santorelli, S.F. (1992). Effectiveness of a meditation-based stress reduction program in the treatment of anxiety disorders. *Am J Psychiatry.* 149 (7), S. 936–943.
Khoury, B., Lecomte, T., Fortin, G., Masse, M., Therien, P., Bouchard, V., Chapleau, M.A., Paquin, K. & Hofmann, S.G. (2013) Mindfulness-based therapy: a comprehensive meta-analysis. *Clin Psychol Rev.* 33 (6), S. 763–771, doi: 10.1016/j.cpr.2013.05.005.
Khoury, B., Sharma, M., Rush, S. E. & Fournier, C (2015). Mindfulness-based stress reduction for healthy individuals: A meta-analysis. *J Psychosom Res*, 78, (6), S. 519–528, doi: 10.1016/j.jpsychores.2015.03.009.
Kohtes, P.J. & Rosmann, N. (2014). *Mit Achtsamkeit in Führung. Was Meditation für Unternehmen bringt.* Stuttgart: Klett-Cotta 2014.
Kohtes, P.J. (2005). *Dein Job ist es, frei zu sein. Zen und die Kunst des Managements.* Bielefeld: Kamphausen.
Küng, H. (1990). *Projekt Weltethos.* München/Zürich: Piper.
Laloux, F. (2017). *Reinventing Organizations visuell. Ein illustrierter Leitfaden sinnstiftender Formen der Zusammenarbeit.* München: Franz Vahlen.
Laloux, F. (2017). *Reinventing Organizations.* München: Franz Vahlen.
Löhmer, C. & Standhardt, R. (2018). *Timeout statt Burnout. Einübung in die Lebenskunst der Achtsamkeit* (mit Hör-CD). Stuttgart: Klett-Cotta, 7. Auflage.

Löhmer, C. & Standhardt, R. (2020). *Die Kunst, im Alltag zu entspannen. Einübung in die Progressive Muskelentspannung* (mit Hör-CD). Stuttgart: Klett-Cotta, 7. Auflage.

Löhmer, C. & Standhardt, R. (2020). *MBSR – Die Kunst, das ganze Leben zu umarmen. Einübung in Stressbewältigung durch Achtsamkeit* (mit zwei Hör-CDs). Stuttgart: Klett-Cotta , 6. Auflage.

Löhmer, C. & Standhardt, R. (2020). *TZI – die Kunst, sich selbst und eine Gruppe zu leiten. Einführung in die Themenzentrierte Interaktion.* Stuttgart: Klett-Cotta, 3. Auflage.

Lomas, T., Medina, J. C., Ivtzan, I., Rupprecht, S., Hart, R. & Eiroa-Orosa F. J. (2017). The impact of mindfulness on well-being and performance in the workplace: an inclusive systematic review of the empirical literature. *Eur J Work Organ Psychol*, 26 (4), S. 492–513, doi: 10.1080/1359432X.2017.1308924.

Macy, J. & Brown, M. (2017). *Für das Leben! Ohne Warum. Ermutigung zu einer spirituell-ökologischen Revolution.* Paderborn: Junfermann.

Macy, J. & Johnstone, C. (2014). *Hoffnung durch Handeln. Dem Chaos standhalten, ohne verrückt zu werden.* Paderborn: Junfermann.

Marturano, J. (2015). *Mindful Leadership. Ein Weg zu achtsamer Führungskompetenz.* Freiburg: Arbor.

Meadows, D. (1972). *Die Grenzen des Wachstums. Bericht des Club of Rome zur Lage der Menschheit.* Stuttgart.

Narbeshuber, E. & Narbeshuber, J. (2019). *Mindful LEADER. Wie wir die Führung für unser Leben in die Hand nehmen und uns Gelassenheit zum Erfolg führt.* München: O. W. Barth.

Notebaert, K. & Creutzfeldt, P. (2015). *Mehr Erfolg durch Achtsamkeit. Methoden und Beispiele für den Berufsalltag.* Frankfurt: Frankfurter Allgemeine Buch.

Ott, U. (2010). *Meditation für Skeptiker. Ein Neurowissenschaftler erklärt den Weg zum Selbst.* München: O. W. Barth.

Paech, N. (2012). *Befreiung vom Überfluss. Auf dem Weg in die Postwachstumsökonomie.* München: oekom, 11. Auflage 2019.

Pinnow, D. F. (2005). *Führen. Worauf es wirklich ankommt.* Wiesbaden: Springer-Gabler, 6. Auflage 2012.

Robertson, B. J. (2016). *Holocracy. Ein revolutionäres Management-System für eine volatile Welt.* München: Franz Vahlen.

Roemer, L., Orsillo, S. M., Salters-Pedneault, K. (2008). Efficacy of an acceptance-based behavior therapy for generalized anxiety disorder: evaluation in a randomized controlled trial. *J Consult Clin Psychol.* 76 (6), S. 1083–1089, doi: 2008–16943-009 [pii]10.1037/a0012720.

Romhardt, K. (2009). *Wir sind die Wirtschaft. Achtsam leben – Sinnvoll handeln.* Bielefeld: Kamphausen.

Rosenberg, M. B. (2002). *Gewaltfreie Kommunikation. Aufrichtig und einfühlsam miteinander sprechen. Neue Wege in der Mediation und im Umgang mit Konflikten.* Paderborn: Junfermann.

Rupprecht, S., Koole, W., Chaskalson, M., Tamdjidi, C. & West, M. (2019) Running too far ahead? Towards a broader understanding of mindfulness in organisations. *Curr Opin Psychol.* 28, S. 32–36, doi: 10.1016/j.copsyc.2018.10.007.

Scharmer, C. O. (2007). *Theorie U. Von der Zukunft her führen.* Heidelberg: Carl Auer.

Schnetzer, R. (2014). *Achtsame Unternehmensführung. Plädoyer für ein sofortiges Umdenken im Management.* Wiesbaden: Springer Gabler.

Schrör, T. (2016). *Führungskompetenz durch achtsame Selbstwahrnehmung und Selbstführung. Eine Anleitung für die Praxis.* Wiesbaden: Springer Gabler.

Schumacher, E. F. (2013). *Small is beautiful. Die Rückkehr zum menschlichen Maß.* München oekom (Erstausgabe 1973).

Sedlmeier, P. (2016). *Die Kraft der Meditation. Was die Wissenschaft darüber weiß.* Reinbek bei Hamburg: Rowohlt Polaris.

Sedlmeier, P., Eberth, J., Schwarz, M., Zimmermann, D., Haarig, F., Jaeger, S. & Kunze S. (2012). The psychological effects of meditation: a meta-analysis. *Psychol Bull.* 138 (6), S. 1139–1171, doi: 10.1037/a0028168.

Singer, T. & Ricard, M. (2015). *Mitgefühl in der Wirtschaft.* München: Knaus.

Sprenger, R. K. (2000). *Aufstand des Individuums. Warum wir Führung komplett neu denken müssen.* Frankfurt/New York: Campus.

Sprenger, R. K. (2004). *Die Entscheidung liegt bei Dir! Wege aus der alltäglichen Unzufriedenheit.* Frankfurt: Campus.

Sprenger, R. K. (2012). Radikal führen. Frankfurt: Campus.

Standhardt, R. & Löhmer, C. (Hrsg.) (1994). *Zur Tat befreien. Gesellschaftspolitische Perspektiven zur TZI-Gruppenarbeit.* Mainz: Grünewald.

Standhardt, R. (1990). Meditation, Kommunikation und Politik. Wege zu einer holistischen Pädagogik. Gießen. http://www.forumachtsamkeit.de/pdf/Abschlussarbeit.pdf.

Standhardt, R. (1994). Die Erde weint. Über die Verzweiflungs- und Ermutigungsarbeit nach Joanna Macy. In: Standhardt, R. & Löhmer, C. (Hrsg.) (1994). *Zur Tat befreien. Gesellschaftspolitische Perspektiven zur TZI-Gruppenarbeit.* Mainz: Grünewald, S. 226–246.

Steeger, J. (2020). *GOING GREEN. Warum man nicht perfekt sein muss, um das Klima zu schützen.* München: Oekom.

Tan, C. (2012). *Search Inside Yourself. Das etwas andere Glücks-Coaching.* München: Arkana.

Tang, Y. Y., Hölzel, B. K. & Posner, M. I. (2015). The neuroscience of mindfulness meditation. *Nat Rev Neurosci.* 16 (4), S. 213–225, doi: 10.1038/nrn3916.

Tapper, K., Shaw, C., Ilsley, J., Hill, A. J., Bond, F. W., Moore, L. (2009). Exploratory randomised controlled trial of a mindfulness-based weight loss intervention for women. *Appetite.* 52 (2), S. 396–404, doi: S0195-6663(08)00618-1 [pii]10.1016/j.appet.2008.11.012.

Teasdale, J. D., Segal, Z. V., Williams, J. M., Ridgeway, V. A., Soulsby, J. M. & Lau, M. A. (2000). Prevention of relapse/recurrence in major depression by mindfulness-based cognitive therapy. *J Consult Clin Psychol,* 68 (4), S. 615–623, [Online]. Available: http://www.ncbi.nlm.nih.gov/entrez/query.fcgi?cmd=Retrieve&db=PubMed&dopt=Citation&list_uids=10965637.

Tolle, E. (2005). *Eine neue Erde. Bewusstseinssprung anstelle von Selbstzerstörung.* München: Goldmann.

von Brück, M. (2020). *Interkulturelles Ökologisches Manifest.* München: Karl Alber.

von Hehn, S., Cornelissen, N. I. & Braun, C. (2016). *Kulturwandel in Organisationen. Ein Baukasten für angewandte Psychologie im Change-Management.* Heidelberg: Springer.

von Weizsäcker, E. U. & Wijkman, A. (2017). *Wir sind dran. Was wir ändern müssen, wenn wir bleiben wollen. Club of Rome: Der große Bericht.* Gütersloh: Gütersloher Verlagshaus, 2. Auflage 2019.

Weick, K. E. & Sutcliffe, K. M (2016). *Das Unerwartete managen. Wie Unternehmen aus Extremsituationen lernen.* Stuttgart: Schäffer-Poeschel.

Welzer, H. (2014). *Selbst denken. Eine Anleitung zum Widerstand.* Frankfurt: Fischer, 9. Auflage 2019.

Zylowska, L., Ackerman, D. L., Yang, M. H., Futrell, J. L., Horton, N. L., Hale, T. S., Pataki, C. & Smalley, S. L. (2008). Mindfulness meditation training in adults and adolescents with ADHD: a feasibility study. *J Atten Disord.* 11 (6), S. 737–746, doi: 1087054707308502 [pii]10.1177/1087054707308502.

Über den Autor

Rüdiger Standhardt

Mensch, Wegbegleiter, Ermutiger, Hofnarr und Visionär.

Oder konventioneller ausgedrückt: Geboren 1962 in Bonn, Dipl.-Pädagoge, Ausbildung und Berufstätigkeit im Finanzamt; Studium der evangelischen Theologie sowie fünf Jahre Leiter einer Kontakt- und Informationsstelle für Selbsthilfegruppen. Seit 1980 selbstständig tätig in der Erwachsenenbildung. Von 1990–2016 Institutsleiter des *Giessener Forum | Ausbildungsinstitut für achtsamkeitsbasierte Verfahren*. Seit 2017 Institutsleiter des *Forum Achtsamkeit | Institut für Ausbildung, Training und Coaching.*

1979 Einführung in Meditation durch Wenzel Graf von Stosch. Langjährige Zen- und Yoga-Praxis bei Pater Lassalle, Dr. Michael von Brück und R. Sriram. TZI-Gruppenleiter (RCI int), Yogalehrer (BDY / EYU), MBSR-Ausbildung bei Dr. Jon Kabat-Zinn, Dr. Saki Santorelli, Melissa Blacker und Florence Meleo-Meyer am Center for Mindfulness (CFM), University of Massachusetts Medical School, USA. MBCT-Weiterbildung bei Dr. Mark Williams, Insight-Dialog-Weiterbildung bei Gregory Kramer sowie Weiterbildung in The Work bei Byron Katie.

Ausbilder für achtsamkeitsbasierte Verfahren (TAO, MBSR, PME), Coach für Persönlichkeitsentwicklung und Trainer des neunmonatigen Online-Achtsamkeitstrainings »Den Tod ins Leben holen, um wirklich zu leben« (www.lebensterbentod.de).

Ich bin Autor verschiedener Buchveröffentlichungen bei Klett-Cotta und Vater der beiden erwachsenen Söhne Thilo und Henning Löhmer.

Forum Achtsamkeit | Institut für Ausbildung, Training und Coaching
Rüdiger Standhardt
Schützenstr. 61, 35398 Gießen
Telefon: 0160-8461353
E-Mail: info@forumachtsamkeit.de
Internet: www.forumachtsamkeit.de